魚はすごい

身近なようでいて
魚たちの生態は
意外と知られていません。

生存能力にたけた
魚たちの世界の一端を
ご紹介していきます。

写真1: リーフィー・シードラゴン
海藻に化けていますが、進化の不思議を感じます。
小型の甲殻類などを食べます。撮影／坂上治郎

飛ぶ

写真2：トビウオの仲間
敵から逃げる時などに水中から飛び出します。
撮影／Michael S.Nolan
提供／シービックスジャパン

移動する

普通に泳ぐ以外にも、
さまざまな動き方が。
その姿にも注目を！

写真3：トビウオの仲間
尾びれで水面をかいて推進力を得ています。

写真5：アカグツ
アンコウの仲間です。ふだんはじっとして、エサを待ち伏せして捕らえます。

写真4：カエルアンコウ
歩くことと、頭の上のひれでエサになる魚を呼び寄せることで有名です。

歩く

写真5　提供／沼津港深海水族館

写真3、4　提供／ボルボックス

ミステリーサークル

写真６
奄美大島近くの海底で発見されました。
つくったのはアマミホシゾラフグのオス。
メスはサークルの中心部に産卵します。

写真６～８　撮影／大方洋二

写真８
オス（右）はメスを噛み、
産卵を促します。

つくる

人がつくれないものを
つくる〝匠《たくみ》〟もいます。

写真７
オスはしりびれを使い、
溝を掘っていきます。

家

写真10：トミヨ（淡水型）
オスが巣をつくり、卵がかえるまで
守ります（写真はメス）。提供／いしかわ動物園

寝袋

写真９：ハゲブダイ
透明な粘液で寝袋をつくります。寄生虫
を寄せつけないためと考えられています。
写真／坂上治郎

化ける（植物・石編）

動物がほかの動植物などに見た目を似せる「擬態」は、敵から身を隠すことが主目的ですが、中にはエサをとるために使っている魚も。

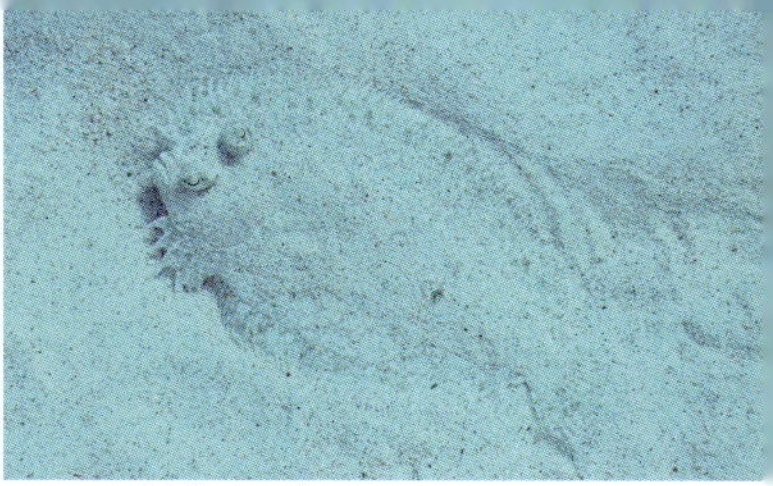

写真11：トゲダルマガレイ
海底の砂地に隠れるのはお手のもの。
提供／ボルボックス

写真13：マコガレイ
白黒の小石の上に乗せると、斑紋も同じような色調に…。撮影／井田 齊

写真12：ムシガレイ
暗い砂利の上にカレイを置くと、斑紋も暗色になりました。撮影／井田 齊

海底の砂や小石に化ける

写真14：オニダルマオコゼ
砂地に隠れています。岩に化けることも多いです。写真15は、この魚が砂の中から出たところ。
提供／ボルボックス

写真15
提供／ボルボックス

砂に隠れる

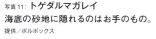

写真17: カミソリウオ
どこから見ても緑色の海藻に見えます。顔は下向き。撮影／坂上治郎

写真16: リーフ・フィッシュ
木の葉に擬態したところ。この種は身を守るだけでなく、エサをとるためにも利用します。
提供／ボルボックス

植物に化ける

写真18: マツダイの幼魚
枯葉に擬態しています。体を横にして枯葉を「演じる」こともあります。
提供／ボルボックス

岩に似せる

写真19: オニカサゴの一種
体が岩と同化したかのようです。小魚が近づくと、大きな口を開けて丸のみに！
提供／ボルボックス

化ける（他の魚編）

強い魚に似せたり、おとなしい魚に紛れたり、戦略はさまざまです。

ウツボに化ける

写真21：ハナビラウツボ
魚や甲殻類、イカやタコなどの軟体動物を食べます。大きくて強いので他の魚から襲われることはありません。
提供／ボルボックス

写真20：シモフリタナバタウオ
体の後部を使ってウツボに擬態中。目のように見えるのは、模様です。この魚の全体写真はP173で確認を。
提供／ボルボックス

トゲのある魚同士で互いに似せる

捕食者にとって手ごわい魚たちが相互に似た体色にして危険性をアピールしています。

写真24：クログチニザ
敵を刺す鋭いトゲが尾びれの付け根に。
提供／ボルボックス

写真23：ヘラルドコガネヤッコ
この種もえらぶたのトゲが特徴です。
提供／ボルボックス

写真22：コガネヤッコ
えらぶたにある鋭いトゲで身を守ります。
撮影／坂上治郎

紛れ込む

海底の小動物を食べ、小魚は食べないアカヒメジ。この群れに小魚を食べるシマアジが紛れています。小魚が「アカヒメジだ」と思って油断していると、シマアジにまんまと食べられてしまいます。さて、紛れ込んだシマアジは(あ)と(い)のどちらでしょうか？答は下にあります。
（なお、アカヒメジは死後、赤くなります。）

写真25
アカヒメジの群れに紛れ込んだシマアジ
撮影／井田 齊

答え／(い)がシマアジ
（(あ)はアカヒメジ）

番外編
カニに化ける

写真26：カニハゼ
この魚が前後に動くと、カニが左右に動いているように見えます。
撮影／坂上治郎

背びれで威《い》嚇《かく》し 吻《ふん》で叩く

写真27：バショウカジキ
大きな背びれでエサとなる魚の群れを驚かし、群れからはぐれた魚を吻（口の長い部分）で叩いて弱らせます。撮影／浅田桂子

エサをとる

本書の中では、魚たちのさまざまなエサのとり方を掲載していますが、ここでは一部をご紹介いたします。

水鉄砲でエサを撃ち落とす

写真28：テッポウウオ
口から水を吹き出して、葉の上にとまっている昆虫やその幼虫を撃ち落として食べます。
提供／Minden Pictures、amanaimages

魚はすごい

井田　齊
Ida Hitoshi

小学館新書

はじめに

約400年生きる魚がいる！

「鶴は千年、亀は万年」という言葉があります。長寿でめでたいことを表したたとえですが、昔の中国でつくられたものだといいます。それでは鶴や亀は本当に長生きでしょうか。

地球で一番長生きする動物でしょうか？

動物は大まかに分けて、体の中に骨がある「脊椎《せきつい》動物」のグループと、それ以外の、内部骨格のない「無脊椎動物」のグループに分けられます。脊椎動物は、魚類、両生類、爬《は》虫《ちゅう》類、鳥類、ほ乳類のことで、無脊椎動物とは昆虫、エビ・カニ類、貝類、線虫類などが含まれるグループです。

人間（ヒト）はほ乳類ですから、ほ乳類を含む脊椎動物では何が一番長生きする動物なのか、考えてみましょう。

前述の「鶴は千年、亀は万年」はかなりオーバーな表現です。鶴の寿命はだいたい20年から30年。鳥の中では鶴よりも、むしろオウムのほうが長生きです。特にキバタンという種は飼育した場合、50～80年も生きるといいます。80年なら日本人男性とほぼ同じ寿命です。一方、亀にはとても長生きする種類があり、インド洋の島々が原産のアルダブラゾウガメには、１８０年以上生きているものもいます。

ところが、この亀よりも長生きする脊椎動物がいます。爬虫類ではなく、魚類に属する「ニシオンデンザメ」（写真29）というサメが、長生きのチャンピオンです。

ニシオンデンザメは北大西洋に生息するサメですが、最長でなんと約４００年も生きることがわかっています。

これを発表したのは、デンマーク・コペンハーゲン大学のニールセン博士のグループです。２０１６年８月の『サイエンス』誌に論文が掲載されています。

ニールセン博士のグループは、北極海周辺のニシオンデンザメ、28尾を調べました。全長は81センチの小さめのものから５０２センチという大きいものまでさまざまです。サメの眼球に含まれる放射性炭素の量を使い、年代を測定しました。

写真29　ニシオンデンザメ　提供／ボルボックス

　その結果は驚くべきものでした。

　28尾のニシオンデンザメのうち年齢が最も若い個体で２７２歳であること、性的に成熟し産卵できるようになるには最短で１５６年かかること、28尾のうち最大の５０２センチの個体の年齢が３９２歳という４００年近く生きているものであるということなどがわかったのです（年齢の推定精度から、大きな誤差が生じる可能性も５％あります。この場合の誤差の範囲は推定値の＋－《プラスマイナス》20～25％になります）。

　今から４００年前といえば、日本では大坂夏の陣（１６１５年、慶長20年）辺りまでさかのぼってしまいます。世界史ではイギリスの清教徒《ピューリタン》が北米に移住したのが１６２０年。ほぼ４００年前です。ニシオンデンザメの生命力は奇跡的です。

しかし、性的に成熟するのに約１５０年かかるということは、このサメの成長が極めて遅く、この種の保護が急務であることを示しています。

世界で最も繁栄している動物のグループ

では、「長寿」から「多様性」に視点を変えて、地球で一番繁栄している動物のグループは何かを考えてみましょう。

何をもって「繁栄」と呼ぶのかを決めなければなりませんが、「繁栄している」とは生物学的には「種類が多い」ことでもあります。さて、世界で一番種類の多い動物のグループとは何でしょうか。

「昆虫では」と思いついた方、正解です。昆虫の種類は１００万種を超えるといわれています。では脊椎動物の中で、一番繁栄しているグループは何でしょうか。魚類、両生類、爬虫類、鳥類、ほ乳類のうちどれでしょう？

答えは、魚類です。

すべての脊椎動物の種類のうち、ほぼ半数を魚類が占めていて、その数は約３万２００

０種にもなります。

考えてみれば、地球の表面の７割は海であり、陸地は３割ですから、魚の種類が多いというのも当然といえば当然かもしれません。昔、学校の理科の授業で習ったように、すべての脊椎動物は魚から派生し、進化してきたのですから、魚が最も種類が多く、一番繁栄しているというのも、頷《うなず》けることかもしれません。

参考までにいえば、人間を含むほ乳類の種類は、約４５００種しかありません。魚の種数には到底及びません。

私は児童向けの魚の図鑑を共著で出しています（『小学館の図鑑ＮＥＯ 新版魚』）。この図鑑は児童向けではありますが、多くの種類の魚を掲載しています。大きな判型で２００ページを超えるボリュームですが、実はそれでも掲載できた魚の種類は、約１４００種に過ぎませんでした。

全種類の魚の４％ほどしか紹介できていないのです。

この点から考えても、いかに魚類は種類が多いか、おわかりいただけるかと思います。

世の中には、図鑑に載せきれないほどたくさんの種類の魚がいます。ですから、面白い生態をした魚、変わった魚などは、枚挙にいとまがありません。ページ数の制約があるので、そのごく一部になりますが、本書では飛びきり風変わりで驚くほど多様な魚の生態を集め紹介してあります。

「魚には、こんなに面白いものがいるのか」

「魚がこんなに多様とは知らなかった」

と思っていただけたら、著者としては望外の幸せです。

２０１７年７月

井田　齊

魚はすごい　目次

カラー口絵……①
はじめに……3
この本に出てくる魚の用語……14

第1章 ◎ ウミヘビやイカは魚なのか──魚の分類と名前──……15
ウツボとウミヘビ、どちらも魚?/イカ、タコ、オタマジャクシは魚か?/魚の分類のルール/魚は大きく5つのグループに分けられる/ブリとハマチは何が違う?/魚の名前のつけ方/浅い海はスズキ目の天下/ハゼの繁栄/天皇陛下、皇后陛下が名づけられた魚/食べてわかる(?)進化の程度

第2章 ◎ 海底温泉から超深海まで──魚たちのすむところ──……43
魚のすみやすい海はごく一部/温泉好きの魚/極寒の海にすむ魚/北の河川にすむ魚/沖合の「不毛地帯」にすむ魚/富士山より高いところにすむ魚/深い海にすむ魚/

三脚を持つ(?)深海魚／8000メートルの超深海にすむ魚／水中が苦手(?)な魚／登山家のような魚／海上を飛ぶ魚／海底を滑走する魚／歩く魚

第3章 魚の世界のガンマン、園芸家、釣り師
——エサをとる戦略——……71
プランクトンを食べて巨大になる魚／水中のガンマン
木刀の剣士／尾で狩りをする魚／アイスクリームすくいを持つサメ／植物を栽培する魚／ルアー釣りの名人／「太公望」と名づけられた魚／大風呂敷を広げて狩りをする魚／海の掃除屋さん／ヒゲでエサを探す魚／硬いサンゴをかじる魚／サンゴ礁を破壊するもの

第4章 育メン、魚では当たり前——産卵・育児の方法——……101
卵や子を産み、育てる5つの方法／3億個の卵を持つ魚／ホヤに卵を産みつける／交接器(ペニス)を持つ魚／ミステリーサークルをつくる魚／1年以下しか生きられない宿命を負った魚／

有名な育メン魚・クマノミ／なぜクマノミはイソギンチャクに刺されないのか／「育メンの鑑《かがみ》」は本当か？／ジャンプして木の葉に産卵する魚／オスが家をつくって育児する魚／オスが子を産む!?　タツノオトシゴの仲間／なぜ卵を守るのはオスばかりなのか？／口の中で子供を保育する魚／魚なのにミルクで子育て／逆さまになって泳ぐ魚／カッコウのように托卵《たくらん》する魚／サメやエイは胎児で育てることも／魚の性は変わることがある／オスがいなくても出産する魚／メスがいないのに子孫を残す魚／養殖ウナギはほとんどオス

第5章 ● 変装の達人たち――身を守る技術――……155

隠れる基本は、黒い背中に白い腹／海底の色に同化する／枯葉に化ける／海藻に化ける／岩に化ける／体の薄い面を見せて隠れる／「こわもて」に似せる／ウツボに化ける／クラゲに化ける／羊の皮を被った狼／掃除屋に化ける／草食系の魚に化ける／羊の群れに入った狼／「俺たちは危険だぞ」とアピールする魚／目玉模様で驚かす／本物の目玉を隠す／

目玉模様で違う生き物に化ける／派手な魚はなぜ南の海ばかり？／寝袋をつくって寝る魚／体の半分しか見せない魚／エビとともに生きるハゼ

終章◎身近な魚が消えてゆく──魚とのつき合い方を考える── 201

お寿司屋さんではなぜ「サーモン」と呼ぶのか／秋ザケが寿司ネタに向かない理由／クロマグロが食べられなくなる？／ニホンウナギはどこへ消えた？／絶滅した魚たち／日本固有の生物を脅かす大陸原産の生物／生物多様性条約とは？／生物の多様性を守る義務

あとがき 220

協力者一覧 222

この本に出てくる魚の用語

この新書に出てくる、魚に関する言葉を解説します。
ひれの名前については、どの部分のものか、図で示します。

ひれの名前など

ひれの形は魚の種類によって異なります。また、一部のひれが退化した魚も存在します。イラストの魚はスズキです。

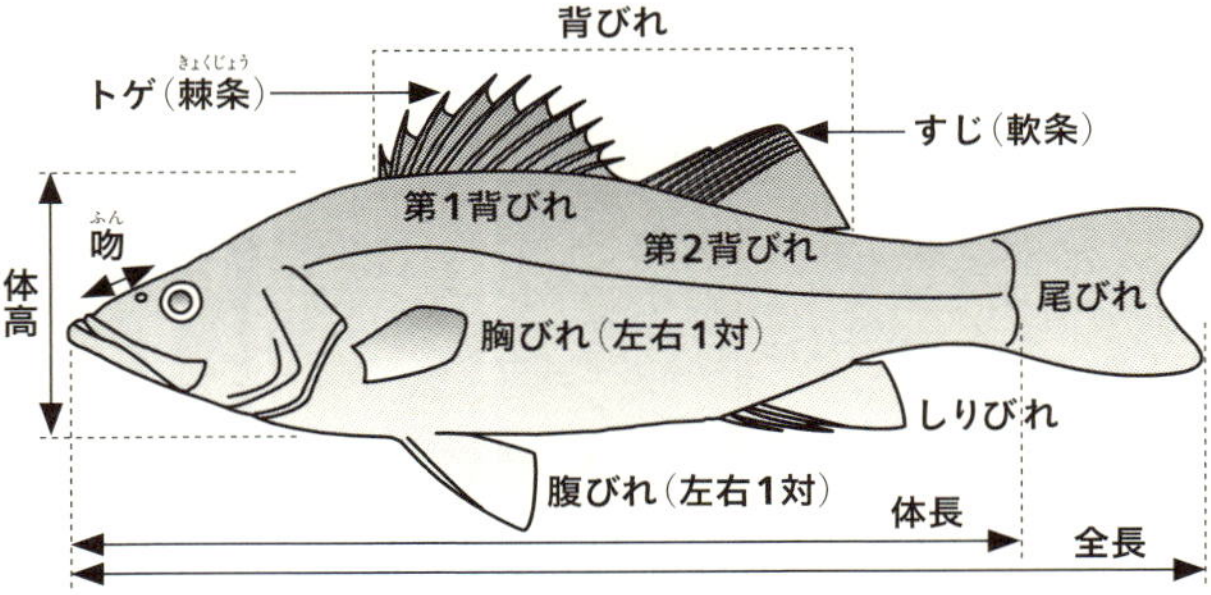

吻《ふん》…目の前から上顎《うわあご》の先端までの部分。

魚の成長に関する言葉

魚は成長の度合いによって呼び方が変わります。その呼び方を紹介します。本書に出てこない言葉もありますが、参考のため掲載します。

- **仔魚《しぎょ》**…孵化《ふか》直後から各ひれの鰭条《きじょう》（骨）がそろう直前までの魚。
- **稚魚**…各ひれの鰭条（骨）がそろうが、体の多くの部分が発育の途中の魚。
- **幼魚**…種の特徴がほぼわかる体つきだが、体形や模様が成魚とは違う魚。
- **若魚《わかうお》**…外見は成魚と変わらないが、繁殖の準備ができていない魚。
- **成魚**…十分に発育し、繁殖の準備ができている魚。
- **老成魚**…年をとった魚。繁殖能力や運動能力も衰えています。

出典『小学館の図鑑 NEO 新版 魚』『小学館の図鑑 NEO POCKET 魚』

第1章

ウミヘビやイカは魚なのか

——魚の分類と名前——

ウツボとウミヘビ、どちらも魚？

「はじめに」でも述べましたが、魚は、驚くほど多種多様な生き物です。脊椎《せきつい》動物の中では、地球上で最も多様な生き物といえるでしょう。姿、形はもちろんのこと、生態、すんでいるところまで実にさまざまです。

魚の形というと、多くの人はまずたい焼きのような、体がべったりと平べったく、体の後ろに尾びれがあり、背中に背びれ、下には腹びれ、胸には胸びれがあるという、典型的な姿を思い浮かべることでしょう。

ではダイバーたちに人気があり、沖縄の美《ちゅ》ら海《うみ》水族館などで見ることができる、上下に平べったい、大きなオニイトマキエイ（マンタ）は、そんな形とは全く異なりますが、魚でしょうか？　形からすると魚とは思えない様相をしています。また、一見すると、竜のようにも見えるタツノオトシゴは、魚だろうかという疑問が湧《わ》いてきます。形から考えれば、とても魚には思えません。

また、ヘビに似たウツボは、どうでしょうか。

姿、形はさまざまではありますが、今挙げたオニイトマキエイもタツノオトシゴも、そしてウツボも、みなれっきとした魚です。

では、ここからがやや難しいのですが、ウツボによく似たウミヘビは、どうでしょうか。ウミヘビは、魚でしょうか。

ウツボが魚なら、ウミヘビも魚に思えますが、これは魚ではなく爬虫《はちゅう》類に属します。同じ海にいても、クジラやイルカは魚ではなくほ乳類です。彼らは時々、水面に出て空気を吸いますが、それは肺で呼吸をしているためで、肺で呼吸することがほ乳類の特徴でもあります。

クジラやイルカは、陸上のほ乳類が海に生活の場を広げた例として挙げられますが、ウミヘビの場合でも、これと同じような考えが成り立つでしょう。つまり海にいるけれども、もともとは陸の生物で、後に海にも進出したということです。

ところが、ウミヘビに関しては、話はまだ終わりません。実は魚にも「ウミヘビ」と名のつく魚がいるからです。こうなると、ウミヘビは魚なのか、爬虫類なのか混乱してしまいますね。それでは「ウミヘビ」と名がつく魚がいる理由を見てみましょう。

魚類には、ウナギ目《もく》という種類があり、ウナギの仲間には「ウミヘビ科」という分類群があります。

この「ウミヘビ科」に、シマウミヘビやダイナンウミヘビという魚がいるのです。これらはみな、見た目は爬虫類のウミヘビにそっくりです。どうしてこんな紛らわしい名前になったのでしょうか。

昔は海にすむヘビのような生き物を、爬虫類と魚類にしっかり分類できなかったのでしょう。ウナギ属の学名はラテン語で*Anguilla*（アンギラ）といいますが、この語には「ヘビ」という意味があります。昔の人たちは魚類のウナギも爬虫類のヘビも、同じ仲間だと思っていたようです。

詳しい分類についてはまた後で述べますが、魚類のウミヘビと爬虫類のウミヘビは、進化の系統で見ると、全く違う生き物です。魚類と爬虫類という、全く異なる分類群に属しています。それなのに、なぜこんなに形が似ているのでしょうか。

これは、生物の世界では、不思議なことではありません。同じような領域にすみ、同じような行動をしていると（例えば、地面や海底をゆっくり這《は》う行動）、全く別種の生き物でも似たような形になってくることは、生物の世界では他にも例が多いのです。

例えば、太古の昔、空を支配したプテラノドンという生物は、翼竜《よくりゅう》と呼ばれる爬虫類の一種でしたが、現在の鳥類に形が似ています。鳥類は恐竜の子孫ですが、翼竜は恐竜とは別の爬虫類で、鳥類とは進化の系統が異なります。

しかし「空を飛ぶ」ということは同じなので、生き物として進化していく過程で形が似てきました。生物界では、たとえ進化の系統は異なっていても、姿や形が似てくることがあるということです。

イカ、タコ、オタマジャクシは魚か？

爬虫類のウミヘビと、魚類の「ウミヘビ科」に属する魚。どこが違うのかを述べる前に、そもそも「魚（魚類）」とは何か、考えてみる必要があります。

「魚の定義とは何ですか」

と聞かれることがあります。ごく簡単に説明すれば、次の３つのポイントが挙げられます。それは、

1　背骨や背骨に近いものを持っている
2　ひれで泳ぐ
3　えらで呼吸をする
という3点です。

1の「背骨を持っている」とは、脊椎動物であるということです。

私が児童向けの魚の図鑑を制作した時、何人かの方から、

「イカやタコが図鑑に載っていませんね」

と言われました。確かに、イカやタコは海にすみ、泳いで移動します。魚屋さんで買うこともできます。しかし、イカもタコも脊椎や背骨に近いものがないので、魚類ではありません。なお、児童向けの図鑑では、イカやタコは『水の生物』といった書名のものに掲載されています。

しかし、右の1〜3の定義は、厳密なものではありません。魚類でない生き物でも、あてはまるケースがあります。

例えば、カエルの子供であるオタマジャクシは、前述の1〜3すべてにあてはまってし

まいます。両生類は脊椎動物ですし、ひれという点でも尾びれを持っています。呼吸は、オタマジャクシの時はえら呼吸です（カエルになると肺呼吸に変わります）。また、同じく両生類のイモリも、幼生の時は水中でえら呼吸をします。

2の「ひれ」については、「ウナギやウツボにはひれなんてあったかな？」と思われる方がいると思います。魚類の中には、ひれの一部を失《な》くした魚も存在します。腹びれが退化したのがウナギです（腹びれなど、魚のひれの名称については、14ページをご覧ください）。またフグにも腹びれを失っているものがあります。

さらに腹びれに加えて、胸びれも失い、尾びれも退化してしまっているのが、ウツボやウミヘビ科（魚類）の仲間です。しかし、ウツボや魚類のウミヘビ科の魚は、よく見ると背びれもしりびれも残っているのが確認できます。この点が、爬虫類のウミヘビと異なるところです。爬虫類のウミヘビには、もとからひれがないのです。

あらためて魚の定義をすると、

1　背骨や背骨に近いものを持っている

2　背びれや尾びれ、しりびれなど、少なくともいずれかのひれを使って泳ぐ

3　えらで一生、呼吸をする

という3つになります。このすべてにあてはまるのが魚ということになります。

魚の分類のルール

魚を定義できたところで、少々専門的になりますが、魚の分類について簡単にお話ししておきたいと思います。

ある生物を分類し、特定する場合、「住所」のような表記のルールがあります。

住所は、国名、都道府県名、市区町村名、地域の名前、丁目、番地と、だんだん細かく記していきますね。生物は同様に、「門《もん》」、「綱《こう》」、「目《もく》」、「科《か》」、「属《ぞく》」、「種《しゅ》」と順番に名前をつけていくのです。具体例を挙げますと、クロマグロは以下のように分類されます。脊椎動物門、条鰭魚綱《じょうきぎょこう》、スズキ目、サバ科、マグロ属、クロマグロ。脊椎動物門の意味は、文字通り、脊椎動物であるということ。次の条鰭魚綱は、ひれ（鰭）は主にすじでできていて筋肉が少ない魚のグループという意味。スズキ目は、その中でもスズキに近い仲間という意味です。後で述べますが、このスズキ目は、魚類の中でとても繁栄しているグループです。そしてサバ科は、スズキ目の中ではサバに近い仲間であることを示しています。クロマグロは成魚では3メートルになり、サバ（マサバ）は大きくなっても50センチくらいですから、大きさは異なるのですが、生物学上は同じ仲間になります。そしてマグロ属。これは、マグロの仲間であることを意味していて、この「属」にはクロマグロを含めて8種が属します。そして、クロマグロ。ここで、ようやく一つの種に絞られました。門から綱、目と下がるにしたがって、小さな単位に分類されていきます。そしてどんどん範囲が狭まり、最後は一つの種に特定されることになります。

魚は大きく5つのグループに分けられる

ここで学問上の、魚類の「綱」の分類を簡単に説明しておきましょう。魚は、以下の「ヌタウナギ綱」を含む1から5のいずれかに分類できます。1から5の順番にしたがって、原始的な魚のグループから進化した魚のグループへ向かいます。そして、骨が軟らかいものから、硬いものへ変化していきます。

なお、綱の名前を覚える必要はありません。また、難しく感じたら、読みとばしてもらってかまわないのですが、「条鰭魚綱」については後で取り上げますので覚えておいてください。

1　ヌタウナギ綱

最も原始的な魚類です。ヌタウナギ、ムラサキヌタウナギ（写真30）などの魚がこの分類に入ります。顎《あご》の骨がありません。背骨もまだなく、脊柱《せきちゅう》（脊椎動物の体幹の中軸をなす骨格）があり、軟骨状で一本の管のようです。目は退化しています。

2　頭甲綱《とうこう》

スナヤツメ（写真31）、カワヤツメなどの魚がこの分類に入ります。この綱までは、顎の骨がありません。口が吸盤状になっています。他の魚の体液を吸う、寄生的な生き方をする種もいます。脊柱は前方の数個だけが分離しています。これは背骨に進化する前の段階です。

3　軟骨魚綱

サメやエイなどがこの分類に入ります。これ以降の綱には顎の骨があります。顎の骨ができたというのは魚だけでなく、脊椎動物にとって大きな進化でした。脊柱も一つ一つ分離した背骨（脊椎骨）があり、軟骨（軟らかい骨）でできています。軟骨魚類ともいいます。

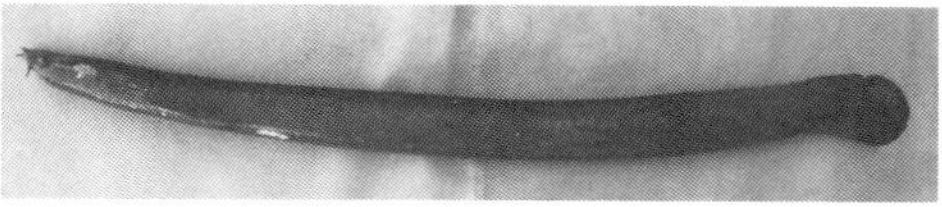
写真30　ヌタウナギ綱の魚　ムラサキヌタウナギ

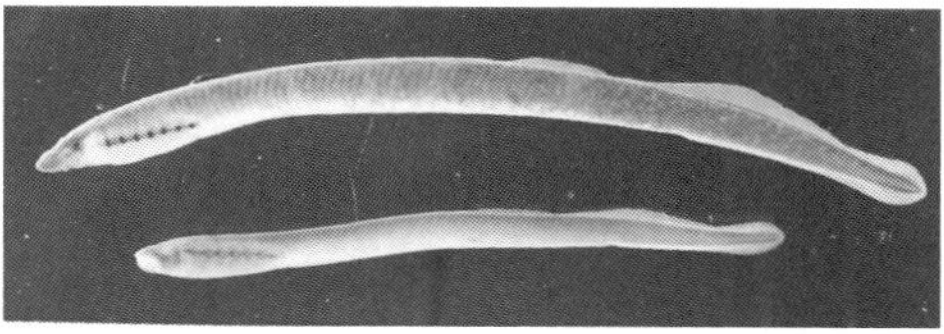
写真31　頭甲綱の魚　スナヤツメ

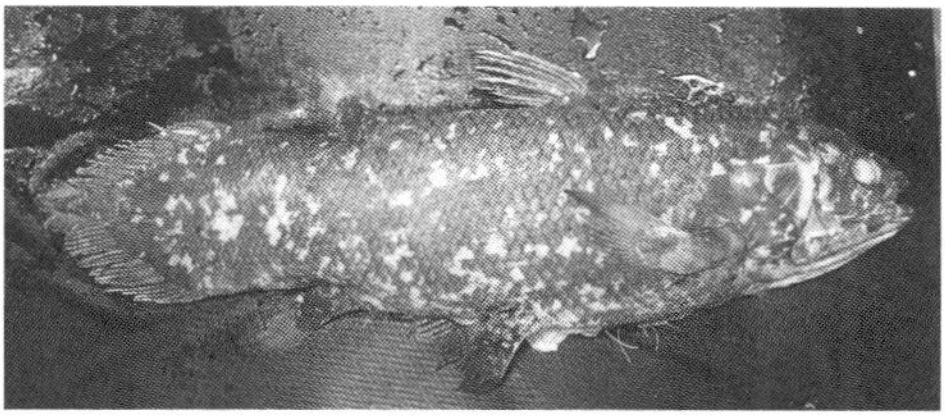
写真32　肉鰭魚綱の魚　シーラカンス
撮影／井田 齊（3点とも）

4　条鰭魚綱

ニシン、イワシ、サケ、タラ、スズキ、タイ、アジ、サバ、マグロなどの魚がこの綱に入ります。顎骨《がっこつ》があり、背骨は硬い骨です。ひれは鰭《き》条《じょう》と呼ばれるすじで支えられていて、筋肉は少ないことが特徴です。「条鰭類」「条鰭綱」とも表記されます。

5　肉鰭魚綱《にくきぎょこう》

ハイギョやシーラカンス

（写真32）が、この分類に入ります。顎骨があり、背骨は硬骨です。肺があります。ひれは、中に骨があり、筋肉で支えられていることが特徴です。このため、胸びれ、腹びれはそれぞれ体を支える前足、後ろ足の役目をします。手足の原型です。両生類は肉鰭魚綱の祖先から分かれています。「肉鰭類」「肉鰭綱」とも表記されます。

1から5の順番にしたがって、魚の進化の度合いが、低いほうから高いほうへ、骨が軟らかいほうから硬いほうに向かうことは説明しました。軟骨魚綱以上の魚類（軟骨魚綱、条鰭魚綱、肉鰭魚綱）では、骨の数は多いほうから少ないほうに変化します。

骨の数が増えるほうが、高度になるようなイメージがあるかもしれませんが、そうではありません。動物の進化には、「一つのものが複雑化し多機能になる」という方向性があります。人間でいえば、食べ物を取り入れるための「口」が、会話の際に使われる器官になったりしたのがその例です。骨の場合も、数が減り、多機能になるという進化が魚には見られます。

まとめますと、魚の場合、骨が硬く、少なくなるほうへ進化してきたということです。

ここで注目していただきたいのは、以上のような5つの分類は3億年以上前にすでにでき上がっていたということです。

魚の基本形は、太古の昔に完成していて、現在にいたっているのです。

ブリとハマチは何が違う？

魚の分類を説明するのに合わせて、魚の名前についても触れておきましょう。

魚の種類を示す名前は、世界広しといえども日本語が一番多く、そして詳しいようです。

例えば、ブリ（写真33）を見てみましょう。地域によって呼び方が異なりますが、成魚はほとんどブリと呼ばれ、幼魚や若魚で呼び方が変わります。九州では、ワカナゴ→ヤズ→コブリ→ブリと変化します。

写真33　ブリ　撮影／井田 齊

関西では、モジャコ→ツバス→ハマチ→メジロ→ブリ、関東ではワカシ→イナダ→ワラサ→ブリと変わります。

ブリとハマチは別の魚だと考えている人がいるようですが、同じ種類です。「ブリ」という名前が全国で使われるのに対し、「ハマチ」は関西圏で使われる言葉であり、ブリよりも成熟していない、ある時期のものに使われる名前であるという点が異なります。

このように呼び方が変化する魚には、一つの共通点があります。

その魚が私たちの生活に身近であればあるほど、また高く売れる魚であればあるほど多くの呼称が存在するのです。

というのも、魚を食材として見た場合、成長段階や季節によって、肉質（噛《か》みごたえ）や、うま味成分が変わってくるからです。一般に、魚は成長すればするほど、その魚ならではのおいしさが出てくるので、値段が高くなります。そのため生物学的には同一の種でも、多くの名称が存在することになります。

これら異なる呼び方を統一するためにつけられたのが「標準和名」です。先の例でいえば、「ブリ」という名がそれに該当します。

さて、「ブリ」といっても、世界的には通用しません。また、クロマグロのような、回遊範囲が広い魚には、世界中で実に多くの名称がつけられています。それぞれが異なる名称を使っていると、国際間のやりとりでは混乱が生じます。それを避けるためにつくられたのが、スウェーデンのC・リンナエウス（1707〜78年）によって1758年に提唱された「二名法《にめいほう》」です。生物のすべてを「属名」と「種小名《しゅしょうめい》」の2つの語で表そうというルールで、公平性を保つため、使用する言語は、現在は一般には使われていないラテン語と、古代ギリシャ語になっています。

例えばクロマグロの学名は「*Thunnus orientalis*」（トゥヌス・オリエンタリス）。最初に出てくるのが属名で、「*thunnus*」は「ツナ」という意味でマグロ類のこと。次に出てくるのが種小名で、「*orientalis*」は「東」を意味します。合わせて「東方のマグロ」という意味になります。

魚の名前のつけ方

魚の名前は、いろいろなものからつけられます。まず、生息地域にちなむ場合があります。

わが国に生息するキタノメダカという魚は、この種が分布する範囲から名づけられました。青森県から兵庫県の日本海側に生息しているのが、キタノメダカ。反対にミナミメダカは、もっと南、具体的には岩手県以南の太平洋側や、福井県以西の日本海側、中国、九州、沖縄などにすんでいるため、「ミナミメダカ」と命名されました。

人名からつけられる場合もあります。例えばミツクリザメ（写真34）を見てみましょう。この魚の学名は「*Mitsukurina owstoni*」（ミツクリナ・オーストニ）。属名は箕作佳吉《みつくりかきち》博士（東京帝国大学理科大学教授）、種小名は明治時代、横浜の貿易商だった英国人アラン・オーストン（Alan Owston）の名前をもとにつけられています。

博物学者でもあったオーストンは、ある時、口の飛び出ている奇妙なサメを入手し、標本を箕作佳吉博士に見せました。箕作博士はそのサメが判別できず、標本を米国のジョーダン博士に送付、査定を依頼したのです。

ジョーダン博士は、まだ報告されたことのない種、つまり新種であると考え、新たに命名。ミツクリザメの学名はその発見に貢献した2人の名がつけられたのです。属名、種小

写真34　ミツクリザメ

写真35　ミツクリザメの飛び出た顎　撮影／朝日田 卓（2点とも）

名のいずれもが人名に由来している学名はあまりなく、とても珍しい例です。

ミツクリザメには、他のサメには見られない特徴があります。それは顎が頭から前方に飛び出ることです（写真35）。

エサをとる際に、顎が急速に突き出るように進化しました。この進化はミツクリザメの泳ぎの遅さを補っています。なお、このサメはその見かけから、英語ではGoblin shark（化け物ザメ）と名づけられています。なんだか気の毒な名前です。

浅い海はスズキ目の天下

魚の分類に話を戻します。あるグルー

プが特に繁栄しているというお話です。魚の種類はおよそ3万2000種と述べましたが、この5つの「綱」に含まれる「種」の数は、「綱」ごとに大きく異なります。まとめてみると次のようになります。

1　ヌタウナギ綱　78種
2　頭甲綱（ヤツメウナギなど）　40種
3　軟骨魚綱（サメやエイなど）　561種
4　条鰭魚綱（スズキ、イワシ、サケなど）　3万800種
5　肉鰭魚綱（ハイギョ、シーラカンス）　8種

こうしてみると、条鰭魚綱に、魚の種類のほとんどが分類されることがわかります。

それではこの条鰭魚綱の種類について、もう少し詳しく見てみましょう。

条鰭魚綱を「目」で分けると、イワシ目、サケ目、コイ目、アンコウ目、スズキ目、カレイ目など67の目に分けることができるのですが、圧倒的に多いのがスズキ目の魚です。魚全体の42％をスズキ目の魚が占めているのです。

それほど多いわけですから、スズキ目の魚には、皆さんが知っている種類が実にたくさん含まれています。スズキだけではありません。

ダイバーに人気のある、サンゴ礁にすむチョウチョウウオやスズメダイ、映画『ファインディング・ニモ』で有名になったクマノミの仲間などもスズキ目です。

家庭で食卓にのぼるおなじみの魚の中では、体長20～30センチのアジやサバ、マハタ、メバルがスズキ目。全長1メートルになるマダイも、最大3メートルを超えるクロマグロもスズキ目です。どうしてスズキ目の魚ばかり、こんなに多いのでしょうか。

いろいろな原因が考えられますが、第一に挙げられるのは、環境への適応力です。

海の浅いところと深いところでは、どちらが魚にとってすみやすいかといえば、断然浅いところです。海の浅い場所は日光がよく射し込みます。そのため海藻などがよく育ち、魚にとってのエサが豊富です。するとエサを求めてたくさんの魚が集まってきますので、浅い海は魚同士の、エサをめぐる激しい競争の場ともなります。

そのような競争に勝てるような体の仕組みを持っているのが、スズキ目の魚の特徴です。この特徴を詳しく見ていきましょう。

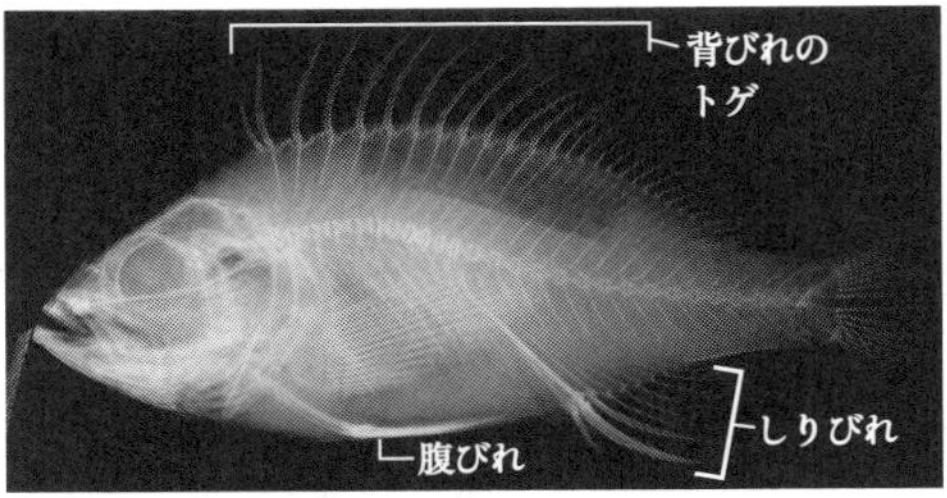

写真36　ヤナギノマイ　撮影／井田 齊

まず、スズキ目の魚のひれにはトゲが多くあります。上の写真はメバルの仲間・ヤナギノマイの骨格です（写真36）。腹びれに1本、背びれに10本前後、しりびれに3本のトゲがあります。ケンカに負けないよう武装しているかのようです。エサをとる争いに勝ち、自分を食べようとする捕食者と闘うには、こうした戦闘的かつ防御的な特徴は有利に働きます。

また、天敵から逃げたり、他の魚より先にエサを食べたりするには機敏な動きができなくてはなりません。スズキ目の魚は、俊敏な動きに対応できるようになっています。

スズキ目の魚は、脊椎が24個と少なく、体の長さも比較的短いほうです。そして前方に位置した腹びれや、体の横の、比較的高い位置にある胸びれが、ブレーキやかじの働きをするのに好都合で、敏捷《びんしょう》に動くことができるのです。また、狭い場所で上手に泳ぐことも可能にしています。

浅い海はスズキ目の魚ばかり。スズキ目の天下といってもいいくらいですが、それはこうした体の特徴によるのです。

浅い海ばかりではありません。水の少ない干潟に進出したり（有明海のムツゴロウなど）、淡水の川に進出するもの（オヤニラミなど）や、沖合に進出するもの（マグロ、カツオなど）も現れて、多様化していったのです。

スズキ目以外の魚たちは、例外もありますが、淡水や海底、深海などに追いやられてしまったように見えます。

ハゼの繁栄

スズキ目の中には多くの魚が含まれますが、その例としてハゼの仲間の繁栄ぶりを取り上げてみましょう。ハゼ類は適応力に秀でた魚です。わが国のあちこちに、たくさんの種類がいます。

ハゼ類の多くは小型です。そのため、海や河川の狭い場にも多くのすみかを見つけ、進出してきました。ハゼ類は、スズキ目の中でも最も繁栄しているグループの一つなのです。

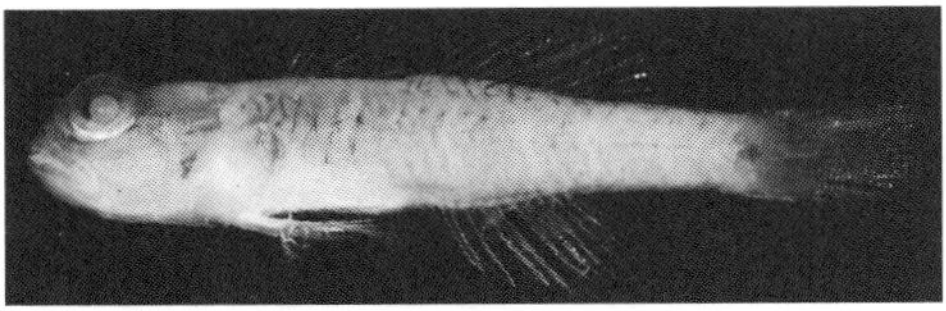

写真37　チヒロハゼの仲間（キオビチヒロハゼ）
撮影／松沼瑞樹
深部に適応したハゼで、この種は深さ200メートル弱まで、近縁種は400メートル前後の深さまで進出しています。

ハゼの仲間は、他のスズキ目の魚が進出できなかったところにもすむようになりました。ハゼはもともと海の魚ですが、ボウズハゼは河川の中・上流部まで生息域を広げています。また、チヒロハゼの仲間（写真37）は大陸棚の縁の、深さ400メートルくらいのところにまで進出しています。川の上流から海の比較的深いところにまで進出しているのです。

次にハゼ類にどのくらいの種類がいるか見てみましょう。なお、スズキ目の中でも、ハゼ類は種類が多いので、「ハゼ亜目」という分類があります。「亜目」は、「目」より下の分類で、「科」より上の、中間の分類です。ハゼ類とは広義の意味でハゼ亜目を指します。

ハゼ亜目の魚は全世界に約2200種も存在し、わが国ではこのうちの544種が確認されています。つまり、全世界のハゼ類の約1／4がわが国にいることになり、非常に多く生息しているといえます。これは、わが国の国土が、温帯の北限から亜熱帯域まで広がっていることが大きな理由だと思います。

さて、日本にハゼ類が多いからでしょうか、ハゼ類の研究も盛んです。

2001年以降に名づけられたハゼの仲間はおよそ75種。名づけられたというのは、発見されたのと同じ意味です。これは近年のダイビング技術の向上やカメラなどの機材の発達などが相まって、魚をはじめ、海洋生物に対する情報が質、量とも向上したことによっています。また、最近は一般の方々からの情報が博物館や大学などの研究機関に寄せられており、このことも大きく貢献しています。

天皇陛下、皇后陛下が名づけられた魚

ハゼ類の研究が盛んであると述べましたが、意外な方がハゼの研究をされていることをご紹介しましょう。

わが国の「魚類研究のバイブル」ともいえる書籍があります。『日本産魚類検索　全種の同定』（中坊徹次編）がその本です。世界を見回しても、魚類分類に関する本としては最も充実したものと考えられます。

ここで、私たち日本の魚類研究者が誇りたいのは、この本の執筆者の中に、今上天皇陛下がいらっしゃることです。名誉職的なものではありません。陛下はこの本の中でハゼ亜目の分類などを担当され、共同で執筆されています。

もう一点、天皇陛下が第一線の研究者である証拠を挙げましょう。この本には陛下ご自身が名づけられたハゼが掲載されています。次に挙げるハゼたちです。最初のカタカナが和名、次のイタリック体のアルファベットで記載されたものが学名、ブロック体のアルファベットが名づけた研究者の名前、数字は登録した年になります。命名者のところに、天皇陛下のお名前（明仁様）が見えます。

ミツボシゴマハゼ　*Pandaka trimaculata* Akihito & Meguro, 1975（写真38）
コンジキハゼ　*Glossogobius aureus* Akihito & Meguro, 1975（写真39）
シマシロクラハゼ　*Astrabe fasciata* Akihito & Meguro, 1988（写真40）

このほかにも陛下が名前をつけられたハゼが数種類います。

それからこちらにも触れないわけにはいきません。アケボノハゼ（写真41）という美しいハゼがいます。サンゴ礁のやや深いところにいるので、スキューバダイビングをしないと見られないかもしれません。ハタタテハゼに似て、前の背びれが立っています。体の前のほうは白く、後ろのほうは紫がかっていて、なんとも優雅な色使いです。

このハゼの名前「アケボノハゼ」の命名者は皇后陛下になります。「あけぼの」という大和言葉とこのハゼの美しい色が、見事に合っているように感じられます。

もう一つだけ、天皇陛下と魚の関わりを紹介しましょう。イトヒキインコハゼというハ

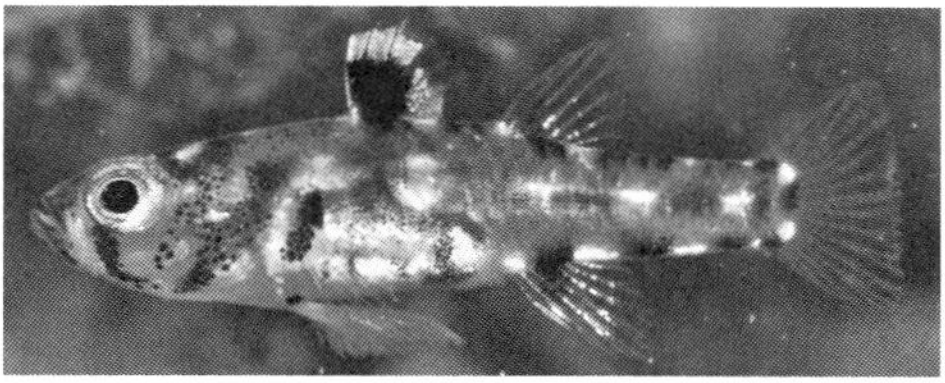

写真38　ミツボシゴマハゼ

写真39　コンジキハゼ

写真40　シマシロクラハゼ　撮影／鈴木寿之（3点とも）

写真41　アケボノハゼ
撮影／坂上治郎

ゼがいます。西太平洋の浅い海の岩礁にすんでいて、日本では、石垣島以南で見ることができます。ハゼ類としては大型で全長は14センチほど。オスの7本の背びれのトゲが、王冠のように長く開いていることが特徴です。砂底に単独で暮らし、堂々とした姿を観察することができます。

注目していただきたいのは、この魚の学名です。*Exyrias akihito*（エキシリアス・アキヒト）といいます。「*akihito*」という文字が見えます。この種は、ハワイに住む魚類学者のランドール博士が名づけたものですが、学名は、ハゼ類研究の権威である今上天皇陛下に捧《ささ》げられたものです（献名といいます）。２００５年に発表されました。

イトヒキインコハゼ　*Exyrias akihito* Allen & Randall, 2005

イトヒキインコハゼだけでなく、天皇陛下に献名されたハゼの仲間は多種にのぼります。

このようにハゼ類には天皇陛下ご自身が名前をおつけになっていたり、陛下のお名前が学名としてつけられたりしています。ハゼは小さい魚ですが、親しみを感じませんか？

食べてわかる（？）進化の程度

先ほども述べたように、スズキ目の魚は条鰭魚綱に属していて、この綱には私たちにおなじみの魚のほとんどが含まれます。3万2000種の魚類のうち、3万種以上が条鰭魚綱に入るのですから当然です。イワシ、ニシン、サケ、タラ、アジ、サバ、タイといった魚たちですが、骨を見ることで、その魚の進化の度合いがわかります。

「綱」によって、進化の度合いが異なること、また進化が進むにつれて、骨が硬くなることは先述しました。条鰭魚綱の魚たちはみな、背骨は硬い骨でできています。

しかし、条鰭魚綱の中でも、進化の度合いには差があります。進化のレベルの低いものは、一般に脊椎の骨化の度合いが低く、やや軟らかいのです。具体的に見てみましょう（以下、出てくる魚はすべて条鰭魚綱）。

例えば煮干しは、種名でいえばニシン目に属するカタクチイワシですが、骨ごと食べられます。また、「子持ちシシャモ」も皆さん食べたことがあると思います。この魚は正確

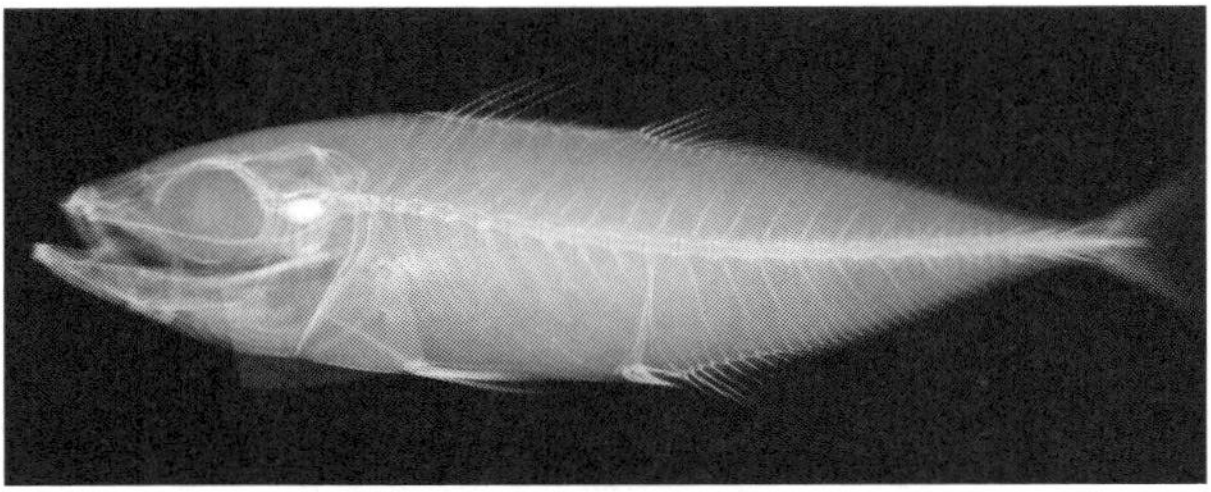

写真42　マアジの骨格　撮影／井田 齊
条鰭魚綱スズキ目。骨は硬いのですが、料理法によっては食べられます。

にはカラフトシシャモ（キュウリウオ目）と呼ばれるもので、頭からしっぽ（尾びれ）まで食べられるのは骨がそれほど硬くないからです。

背骨まで食べられる魚は、進化の度合いが低いといえます。また、脊椎骨が多く50個前後あるのも特徴です。

干物に使われるアジは、スズキ目のマアジ（写真42）ですが、骨は硬いのが特徴です。お祝いの席などに供されるスズキ目のマダイも、焼いてあっても骨ごと食べるのは無理でしょう。

まとめますと、魚を食べる時、骨が多くて軟らかく、食べられるようなものは、進化の度合いとしては下等な魚です。反対に骨が少なくて硬く、食べられないものは、高等な魚といえます。魚を食べる時は、骨をかじりながら魚の進化に思いを馳《は》せてみてはいかがでしょう。

第2章

海底温泉から超深海まで

―魚たちのすむところ―

魚のすみやすい海はごく一部

「海は広い」といいます。確かに地球の表面は、およそ5億平方キロ。その7割は海であり、約3億6000万平方キロもあります。

しかし魚の立場からも、本当に広いといえるのでしょうか？

多くの魚にとって、生活のしやすい場所とは、主に大陸棚と呼ばれるところであり、それは水深200メートルまでの浅い海です。ところがこの浅い海は、海の総面積約3億6000万平方キロのうち、わずか7・6％の約2736万平方キロしかありません。

また体積の面から見ても、海の深さは平均約3800メートルですが、魚のすみやすい200メートルまでという水深をはるかに超える深さであり、魚のほとんどにとっては、すみにくい場所なのです。

こういう点から考えると、魚のすみやすい海の浅い部分は、いかに貴重な場所かということがわかります。ちなみに全陸地の平均高度は840メートルですが、海の平均水深は先にも述べた通り3800メートル。海のほうが圧倒的に変化の幅が大きいのです。

ところで、地球の表面の7割を占める海の「生産力」（動物のエサとなる植物の量）は、どれくらいあるのでしょうか。

沖合域では、年間1平方メートルあたり100グラム前後という生産力しかありません。これはほぼトマト1個分です。ということは、いくら海は広いといっても、そのほとんどは生産力が低い砂漠のようなものといえるのです。

これに対して、浅い海、つまり沿岸地域の生産力は、年間で1平方メートルあたり500グラムを超える場合もあります。これはちょうど小さなキャベツ半分ほどに匹敵する量であり、生き物としては過ごしやすい場所といえます。ただし、沖合に比べて浅い海は面積が限られているため、この場所をめぐってエサの取り合いなどの生存競争が起きています。

そんな浅い海で、スズキ目の魚たちは小回りの利く俊敏な機動性と、ひれのトゲという戦闘能力で、これまで繁栄し生き残ってきました。いわば「勝ち組」グループです。

では、それ以外の「負け組」となったグループの魚たちは、いったいどんなところで暮らしているのでしょうか。

ここからは、そんな魚たち、さまざまな限定的な環境に適応せざるをえなかった魚たちの生態を見ていきましょう。

温泉好きの魚

魚は、想像を超えるような場所にも適応して生きています。

例えば、海底で湧き出す温泉でしか見つからない魚がいます。カレイ目に属するイデユウシノシタ（写真43）です。

火山列島の近くでは、マグマの熱により、海底に温泉活動が見られるところがあります。海底の岩石の割れ目にしみ込んだ海水が、マグマの熱で高温になり、岩石と反応してさまざまな物質を溶け込ませます。それが海底に出てくるところに「熱水鉱床」ができます。深さ数百メートルの海では、たとえ熱帯地域であっても水温は10℃以下ですが、「熱水鉱床」の付近では周囲の海より10℃近く温度が高くなります。

これが温泉のような場所を形成します。温泉はさまざまな成分が溶け込んでいて、入浴すると人間の体に良い効果があるといわれていますが、魚にとっては、どうでしょうか。

深さ数百メートルの海底の水は高圧になっています。そして海水の中にはさまざまな物質とともに硫黄《いおう》の成分も含まれています。熱水鉱床には硫黄が金属と結びついた硫化物《りゅうかぶつ》が多いのですが、硫化物をつくるイオンは多くの生物にとっては毒物です。もちろん魚にとっても有害です。しかし一部の細菌は、硫化物を酸化する時のエネルギーを使って、有機物を合成することができます。

その細菌を体内に取り込み生きている、しぶとい生き物がいます。ハオリムシ、シロウリガイ、シンカイヒバリガイといった無脊椎《むせきつい》動物です。そして彼らをエサにして依存している魚が、イデユウシノシタです。

イデユウシノシタは、日本の小笠原諸島周辺やニュージーランド北方の海底火山など、水深240〜735メートルの範囲で見つかります。私は小笠原諸島の南端にある南硫黄島の南の海中に存在する、日光海山（水深472メートル）でこ

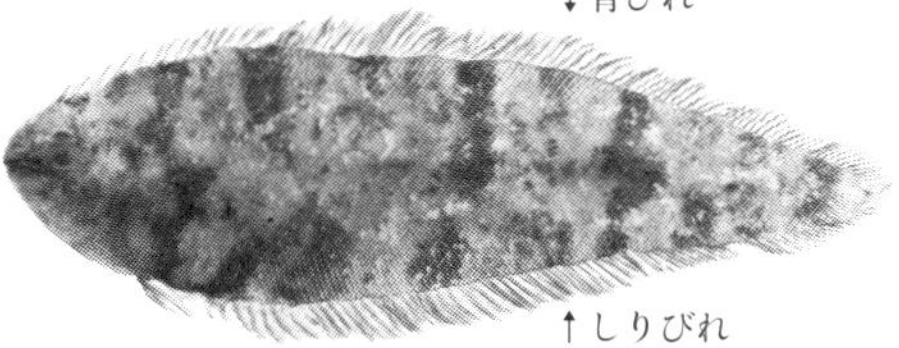

写真43　イデユウシノシタ　撮影／井田 齊
カレイやヒラメの仲間ですが、他の種と異なり、背びれとしりびれの外縁がそろっていません。

の魚を観察したことがあります。

さすがに高温と硫化物の影響のためか、採集したイデユウシノシタには、奇形が多く見られました。ひれのすじが曲がっていたり、脊椎が癒合《ゆごう》していたりする個体がいました。また、他のヒラメ・カレイ類と違って背びれやしりびれの外縁が凸凹で、そろっていません。

イデユウシノシタの学名は、*Symphurus thermophilus*（シンフルス・テルモフィルス）といいます。ギリシャ語で「熱を好み、尾びれが（背びれとしりびれに）癒合した（魚）」という意味です。本種を命名したのは長崎大学の橋本淳博士と米国自然史博物館のムンロー博士で、2008年のことです。骨格に奇形が多いことについては2人の論文にも述べられています。

なお和名の「イデユウシノシタ」の「イデユ」は、「出で湯」から来ていて、温泉の意味。ウシノシタは、「ウシノシタ」という魚のグループに属すことを表しています。

極寒の海にすむ魚

温かい海底温泉とはうって変わり、今度は、極寒の地にすむ魚、北の冷たい川や湖にすむ魚たちをご紹介しましょう。

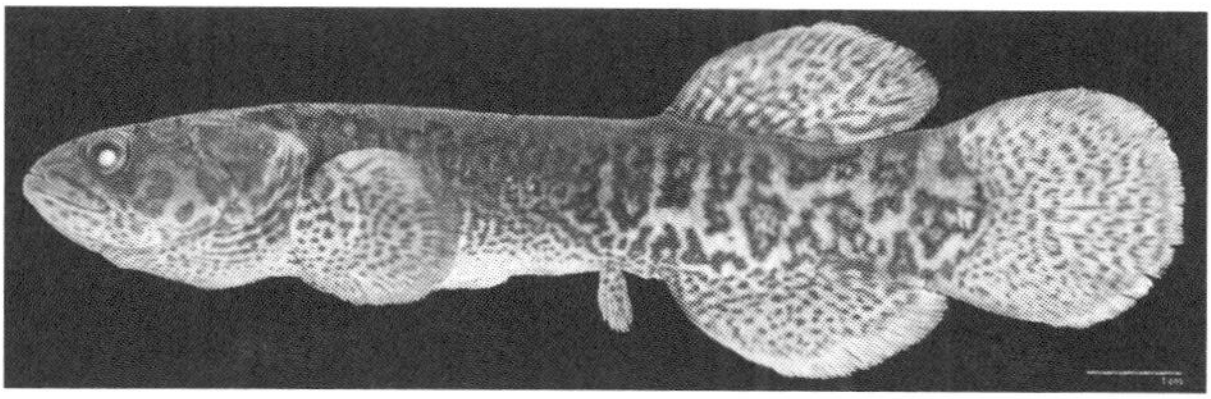

写真44　アラスカブラックフィッシュ　撮影／Sandra J. Raredon

カワカマス目に属するアラスカブラックフィッシュ（写真44）という魚は、シベリアや北アメリカの寒帯からカナダ北部の淡水域に生息しています。

ひれにトゲのすじがなく、胸びれに30もの軟条（軟らかいすじ）があります。また背びれとしりびれが体の後方で対になるという、下等な魚類の特徴を持っています。進化の度合いが高くない魚は、やはりこうした極地や深海に追いやられて、生息していると考えることができます。

大きさは10センチから20センチですが、30センチを超える個体もいます。しかしなんといっても最大の特徴は、低水温に対する適応力です。マイナス20℃の氷の中に40分漬かっていても生存が可能なのです。

さらに、体の表面が完全に凍ったとしても、数日間は生き延びることができます。氷漬けになったこの魚を犬が食べようとして口に入れ、唾液などで氷が溶けて魚が暴れ出したため、犬が驚いて吐き出したという話もあります。

低温に強いだけでなく、酸素がほとんど溶けていない水中でも、長時間生存できる耐性を持っています。魚の体には浮き袋という器官がありますが、この浮き袋がまるで肺のような役割を果たすように進化しているのです。

北の河川にすむ魚

一般的にいえば、（北半球の）北の海はエサが豊富なため、魚もたくさん生息しています。ニシンやタラも北の魚です。マグロは南の海でも獲れますが、高値で取引されるのは北の海で獲れたマグロです。「大間《おおま》のマグロ」が高値で買われる様子がテレビで放映されたりしますが、大間町は青森県にあります。そしてその海は、プランクトンがたくさんいて豊かな海です。

ただし北の河川、つまり淡水域は逆にエサが少なく、豊かではありません。

北アメリカやユーラシア大陸の北極圏の淡水域には、ホッキョクイワナ（写真45）とい

写真45　ホッキョクイワナ（湖沼型）　撮影／井田 齊
魚で頭が大きく見えるものはエサが足りていないことを表しています。14ページのイラストのように、多くの魚は体が太く（体高が高く）見えます。

うイワナの仲間がすんでいますが、多くの個体は一生を河川で過ごし、北緯65度以北にすむ個体はサケのように海に下ります。それは淡水にエサが少ないためと考えられます。

海に下りず、河川の上流部や湖で一生を過ごすタイプ（湖沼型）のホッキョクイワナは、河川の水温が低く、エサが少ないため、成長するのに時間がかかります。成熟までに数年から10年近くかかり、それでも体長は30センチほどにしか成長しません。海の魚であれば1年で30センチ成長する魚はたくさんいます。写真のホッキョクイワナは体高が高くないので頭が大きく見えますが、これは、この魚が、（エサが少なく）やせていることを示しています。

北の河川にはエサが少ないと述べましたが、ホッキョクイワナは何を食べているのでしょう？

夏になると海から産卵のために遡上《そじょう》してくるベニザケの卵

です。夏まではほとんどエサを食べず、ガリガリにやせてしまいますが、ベニザケが産卵する夏になると、浅い岸辺に集まってきて、ベニザケの群れの下流に陣取り、卵のおこぼれを一生懸命食べています。そして一気に自分も成熟して自らも産卵をするのです。エサがとれるわずかな時期に、成熟や繁殖などのすべてを行うのが、ホッキョクイワナの特徴です。

沖合の「不毛地帯」にすむ魚

前述しましたが、海の表面積のほとんどを占める沖合域は、エサが少なく、その意味では魚のすみにくい、砂漠のようなエリアです。

しかしそれでも10分の1ミリほどの単細胞藻類が生息し、それを数ミリの大きさの動物プランクトンがエサとして食べています。その動物プランクトンをトビウオなどが食べ、トビウオをシイラやカジキ類などの中型魚、大型魚がエサにして食べています。

海の中では、小さな生き物は中程度の大きさの生き物に食べられ、それをさらに大きな魚が食べるという食物連鎖の構造がつくられています。

食物連鎖といっても、魚たちは食物連鎖の上位のものに食べられることを黙って認めているわけではありません。沖合の中層の海域には、ハダカイワシ類（写真46）やムネエソ類（写真47）などの小型の魚たちがいますが、これらの多くは体の下方に発光器があります。発光器は体の下方、特に腹の縁に沿って多くついています。なぜ体の上方にはないのかといえば、それはカウンター・シェイディングと呼ばれる「はぐらかし効果」のためだと考えられています。

写真46　ハダカイイワシの仲間（ゴコウハダカ）

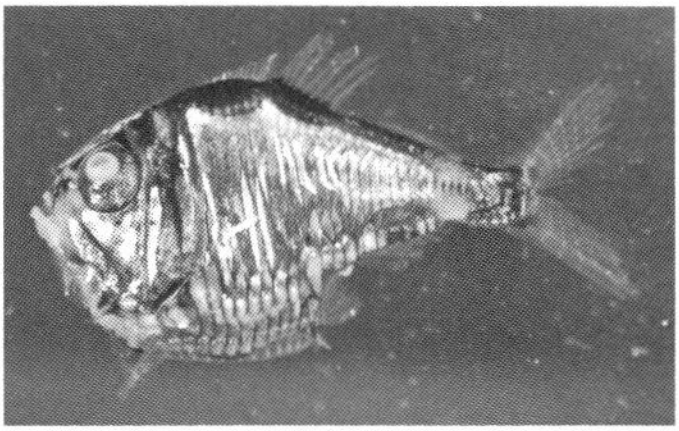

写真47　ムネエソの仲間（トガリムネエソ）　撮影／井田 齊（2点とも）

海の中では、光は海の表面からそそぐので、海中から上を見上げれば、泳いでいる魚の姿は黒い影になってはっきり見えます。しかしその体の輪郭を外側から内側にかけて明るくする発光器があると、黒い影ははっきりしません。海の中で、下から見上げている捕食者たちの目には、発光器のために、エサとなる魚の姿が見えにくくなるのです。

ハダカイワシ類と、ムネエソなどが含まれるワニトカゲギス類は、どちらも発光器を持っていますが、この2群の魚は系統的には似たような仲間ではありません。ハダカイワシはハダカイワシ目に属し、ムネエソはワニトカゲギス目という、異なったグループに属しています。

このように系統的に遠い関係の魚が、同じような機能をそなえている、発光器を持っているということは、発光器の機能がいかに効果的に働いているかを意味しています。食べられやすい小さな小魚たちは、少しでも食べられにくくなるよう、賢明に工夫して生きているのです。

富士山より高いところにすむ魚

次は、かなりの標高の高地にすんでいる魚を紹介しましょう。

日本一高い山、富士山は標高３７７６メートルですが、南米のアンデス山脈には６０００メートルを超える高峰が20座以上あります。この山脈に生息している魚がいるのです。

写真48　　アンデスメダカ　撮影／井田 齊

鑑賞魚として有名なグッピーやプラティは、カダヤシ目という魚の仲間ですが、このカダヤシ目にアンデスメダカ（写真48）という魚も属しています。このアンデスメダカがアンデス山脈の湖にすんでいるのです。

カダヤシ目について少し説明しておきましょう。

カダヤシ目の魚は、淡水域や淡水と海水が混じり合う汽水域にすみ、蚊の幼虫であるボウフラなどの小さな昆虫などを食べます。ボウフラを食べて蚊を絶やすことから「カダヤシ」という名前になっています。カダヤシ目の体の特徴としては、ひれにトゲがなく、腹びれがなく、背びれとしりびれが体の後半にあり、上下でほぼ対称であることなどがあげられます。

アンデスメダカは45種ほどいて、腹びれがないことが特徴です。上の写真の種は、４０００メートルほどの標高の湖にすんでいます。氷河の末端にできた長さ数百メートル、幅が１００メートルほどの湖にもいます。全長わずか10センチほどの魚ですが、カダヤシ目の中では大型です。アンデス地方の人々は食用にしています。かつてアンデス山脈のティティカカ湖には、同じカダヤシ目の魚で20センチほどの大きさになる種がいましたが、他の魚が移入されるなどしたため、生息数は減少してしまいました。

また、ヒマラヤ山脈の標高5200メートルの高地にある湖には、フクドジョウの仲間が生息しています。最大全長は15センチ。生息水温は16～20℃の範囲です。

深い海にすむ魚

高地から今度は低いところ、深海に目を向けてみましょう。

全世界の海の平均水深は、前述したように約3800メートル。海の平均水深は富士山（3776メートル）が全部沈んでしまうほどの深さです。私はかつて「しんかい6500」という潜水艇に乗り込み、北海道沖の日本海溝を潜ったことがあります。深さはおよそ3500メートルで、世界の海の平均とほぼ同じ深さでした。

その深海で私が実際に観察した魚をご紹介します。次のような魚たちでした。

まずソコボウズ（写真49）という魚は、アシロ目に属する魚で、130センチほどの全長です。これは深海では比較的大きな体といえます。目は小さく、体表に色はほとんどなく白く見えます。水深800～4200メートルに生息し、世界中に広く分布しています。深海にうまく適応した種といえるでしょう。

ヨロイダラ（写真50）という魚は、2000～4300メートルの深海に生息する、タラ目の魚です。全長は80センチほど、全身が硬いうろこに覆われて灰色、鎧《よろい》をまとった感じに見えます。

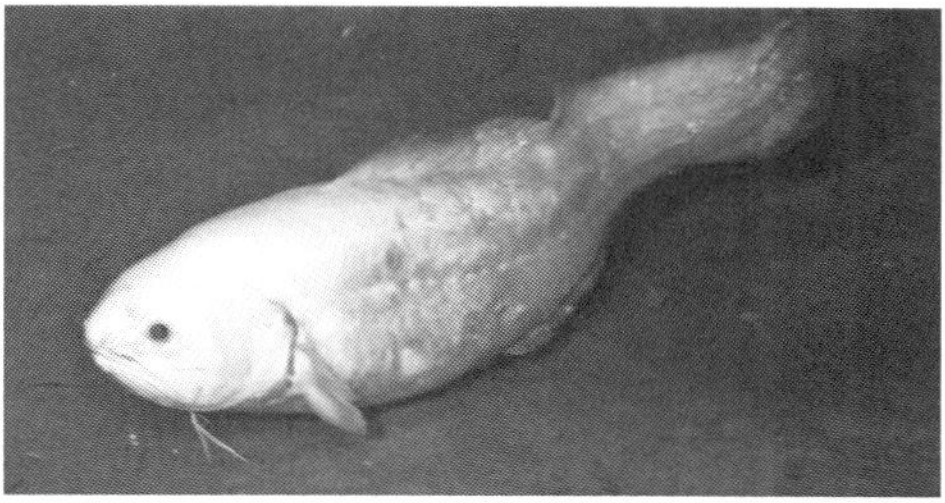

写真49　ソコボウズ

写真50　ヨロイダラ
撮影／井田 齊　協力／海洋研究開発機構（２点とも）

チョウチンハダカ　イラスト／川崎悟司

幼魚の時には小さな魚やイカ・タコ類などの遊泳性の動物を食べますが、成長すると海底のエビ・カニ類やナマコ類などを食べるようになります。

チョウチンハダカ（上のイラスト）という魚はヒメ目に属します。この魚の目は著しく特殊な形をしています。目の丸いレンズがなく、左右の目は半円状の平らな金色の板で、全体が円い形です。この目はおそらく形を認識するためではなく、他の動物の大きさや移動する方向を認識するためのものなのでしょう。近くにいるものが敵かエサか、認識しているものと思われます。深海の魚のため、写真があまりなく、わかりやすいイラストを掲載しました。

三脚を持つ（？）深海魚

チョウチンハダカと同じヒメ目に属す魚で、イトヒキイワシという種がいます。サンキャクウオとも呼ばれています（なお、ナガヅエエソという魚もサンキャクウオと呼ばれます）。イトヒキイワシの仲間（写真51）は、泥の積もった深海底に尾びれの下端と左右の腹びれの下端をカメラの三脚のように広げて立てて休むので、サンキャクウオと呼ばれています。この仕草は海底の泥をまき上げないためと考えられています。

写真51　イトヒキイワシの仲間（オオイトヒキイワシ）　提供／海洋研究開発機構

　イトヒキイワシ以外の３種の魚たちは、みな北海道沖３５００メートルの深さで観察した魚ですが、イトヒキイワシは、別の場所で採取したことがありました。沖縄の、北西沖の水深約２０００メートルの海底で捕獲しました。日本各地の深海に生息しているようです。

　イトヒキイワシは体長約30センチ、体色は灰色。深海の泥底に三脚のように立ち、流れてくる大型プランクトンを食べていました。この魚は同じ個体の中で、精巣と卵巣が同時に発達するという特徴を持っています。ただし、1個体の精子と卵子とで受精ができるかどうかは、まだ確認できていません。深海という栄養が少ない環境では、個体数の少なさを補うため、オス、メス両性を具有する、そんな繁殖戦略もあるようです。

このイトヒキイワシを含めた4種はみな深海性の魚類で、共通するのは体色が灰色ないし白色であること、スズキ目より下等な位置づけにある「目」(アシロ目とタラ目、ヒメ目)に属していることです。

体色が赤色の魚は、1000メートルまでに出現する魚類に限られ、それ以上の深海では灰色ないし白色の魚がほとんどです。

アシロ目、タラ目、ヒメ目は一部の魚を除くと、大陸棚の深さ200メートルより深い場所に生息しますが、小回りの利くスズキ目の魚にすみ心地のよい浅い海を譲って、深い海に追いやられた結果だと思われます。

そのためスズキ目の魚は深海にほとんど見当たりません(深海にもいないわけではありません。後述します)。それよりも条件のいいところにすんでいるわけです。ここでもスズキ目

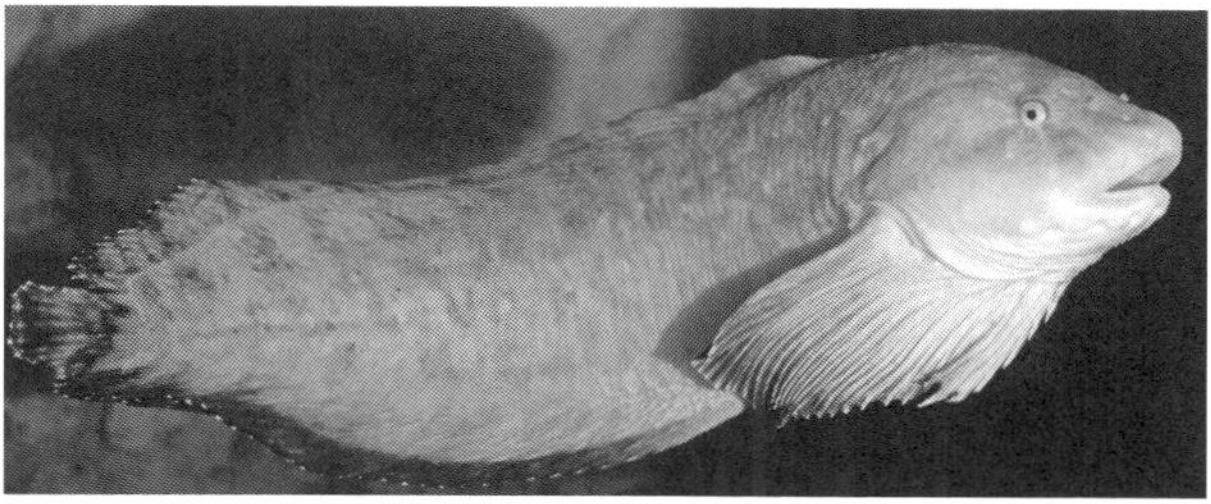

写真52　クサウオ　提供／ボルボックス
この種の仲間（シンカイクサウオ）が太平洋の最深部で観察されています。

の繁栄ぶりがわかります。

8000メートルの超深海にすむ魚

これまでに、最も深い海で目撃された魚について、お話ししましょう。

世界で最も深い海は、日本の南方約4000キロにある「チャレンジャー海淵《かいえん》」で、深さは約1万1000メートルです。この海淵の8143メートルの深さから、体の白いシンカイクサウオが撮影されました。この観察が太平洋での最深記録です。

クサウオ科はスズキ目に属します。スズキ目は大陸棚より浅い、すみやすい海に繁栄していますが、クサウオ科の魚は大陸棚から深海域に分布を広げた変わり者とでもいうべき魚です。深海域は、通常、スズキ目より古いタイプの魚類が多くすんでいる世界です。それなのに、太平洋の最深部になぜかクサウオの仲間がすんでいるのです。

深い海では大きな水圧がかかり、魚の体内のタンパク質が変性し働きが妨げられます。それを防ぐために魚類はＴＭＡＯ（トリメチル・アミノ・オキサイド）と呼ばれる物質を体内に含み、これがタンパク質の働きを助けるため、活動を維持できているのだと考えられています。

米国のヤンシー博士たちは深い海にすむ魚ほどＴＭＡＯが多くなることを確かめました。しかし、この濃度が高くなると、体液の浸透圧も高まるため、魚がすめる範囲にも限度があると結論づけました。ヤンシー博士らは、魚類が生息できるのは深度８４００メートル付近までだろうと推定しています。

なお、大西洋ではプエルトリコ海淵の８３７０メートルの深さでアシロの仲間が撮影されています。

このように現在までの観察記録は、ヤンシー博士たちの結論を裏付けるようなものになっています。

水中が苦手（？）な魚

高山から超深海、海底温泉から凍る寸前の冷たい川まで、水のあるさまざまなところにすむ魚たちを紹介してきました。

次は、「水中が苦手」ともいえる魚についてお話ししましょう。

水中が苦手なのは、空気をふんだんに取り入れる必要があるためです。その意味では陸の生き物のような魚です。

写真53　ミナミトビハゼ
提供／ボルボックス

インド洋、太平洋の温帯地域から熱帯地方までの、河口から岩礁地帯には、トビハゼの仲間がすんでいます。もちろん日本でも関東から沖縄まで広く生息しています。

このトビハゼは、必要な酸素の大半を皮膚から体に取り込んでいます。体表が濡れている限り、皮膚からは必要な酸素の60％程度を取り込めます。残りはえらから取るためにえらを水に濡らす必要があります。陸にいる時は、このために、えらを膨らませて水を含んでいます。

ミナミトビハゼ（写真53）という魚は、普段は、マングローブ周辺の泥や岩の上にいて、時々水たまりに飛び込みます。エサは昆虫、甲殻類、ゴカイ類などで、これらを水中でとることもあるようですが、またすぐに陸に戻ります。私たちが捕まえようとして追いかけると、水たまりの上をスキップするように次々と飛び跳ねて逃げてゆきます。水の中にとどまることがないのです。

体の表面は常に濡れていなければなりませんが、水の中は嫌いなのです。濡れている限り水に入る必要はなく、湿った状態であれば1日半も陸上で生きていられるのが大きな特徴です。

これほど水が苦手な魚も珍しいものです。エサの豊富さに惹《ひ》かれ、陸上に進出した変わり者といえるでしょう。

登山家のような魚

次は岩をよじ登るロッククライミングが得意な魚についてお話しします。

それはボウズハゼ（写真54）という魚です。ボウズハゼはスズキ目に属するハゼの仲間ですが、口が少し下に位置していて、吻《ふん》（口の先）が丸みを帯びています。これがお坊さんのように見えるためボウズハゼと命名されています。四国、九州、沖縄など南日本から台湾までの河川の上流部にすんでいます。

写真54　ボウズハゼ　提供／ボルボックス

大きさは15センチ以下で、左右の腹びれが合体して吸盤になっています。そのためボウズハゼが吸盤を水底の岩に押しつけ、体の前部を持ち上げながら休んでいる場面をよく見かけます。川では、この吸盤を使って流されないよう岩にへばりついている姿をしばしば観察できます。

そして他の魚にはできず、ボウズハゼだけにできるのが崖登りです。滝のようなところでも、滝の脇の濡れた崖をじわじわとよじ登っていきます。ほぼ垂直な壁でも登ることができるのです。

吸盤になっているのは腹びれだけではありません。口が下向きで唇が厚いため、口自体も吸盤の役目を果たしているのです。腹びれで岩に吸いつきながら、口でも岩に吸いついて体の後部を前に寄せるような運動を繰り返しています。こうして崖をよじ登ります。

ボウズハゼの主食は川底に生えている付着藻類。そのため水のきれいなところであれば小さな川でも生きていくことができます。アユやヨシノボリのような、藻類を主食とした魚は他にもいますが、ボウズハゼのように垂直の壁を登ることはできません。ボウズハゼはこの特技のおかげで、川の上流の藻類を独占することができるのです。

海上を飛ぶ魚

ここからは番外編と考えてください。海、陸、山と出しましたので、空を飛ぶ魚も、ご紹介します。トビウオ類（口絵写真2）です。もちろん、空にすんでいるわけではありません。

トビウオ科の魚は全世界の温かい海に、トビウオやダルマトビなど約70種存在しますが、ゆっくり泳ぐ時は多くの魚と同じように尾部をゆっくり左右に振りながら泳いでいます。

しかし、シイラなどの天敵に追われた時は、敵がいない空へ逃れます。

水中で尾びれを使って、スピードをつけ、水面から飛び出します。体が水面に出ると、長く飛び出た尾びれの下の部分で水面を左右に打って推進力を得ます。そして、広げた胸びれで風をとらえます。十分な速さに達すると、胸びれと腹びれを使ってグライディング（滑空）します。

幼魚のうちは飛ぶというより跳ねる程度の距離しか飛べませんが、成長するにしたがって飛行距離を伸ばしていきます。種類によりますが、トビウオ類の飛行距離は数十メートル前後です。しかし、時には３００メートルから４００メートルもの距離を飛ぶことが目撃されています。甲板の高さが５メートルもある客船にも乗り上げることがあるため、かなりの高さまで飛ぶことがわかります。

海底を滑走する魚

海上を飛ぶわけではなく、海底を飛ぶように泳ぐ魚もいます。

スズキ目のホウボウ（写真55）という魚です。全長は50センチほど、中型魚でロシア南

写真55　　ホウボウ　提供／ボルボックス

東部から南シナ海の大陸棚などの浅い海にいます。わが国でも北海道から九州にかけて幅広く分布し、釣り魚としても食用としても人気があります。この魚は泳ぐ時、大きく発達した胸びれを広げて海底のすぐ上をゆっくり飛ぶようにして泳いでいます。

ホウボウの胸びれは広げると翼のようになる部分が目立ちますが、まるで足のように変化した部分もあります。「遊離鰭条《ゆうりきじょう》」と呼ばれる部分です。この遊離鰭条は、時には海底を歩くように移動するために用い、またある時は、海底の中からエサを見つける手段ともなります。

ホウボウの写真を子供に見せると、「魚に羽があって足がある！」とびっくりされます。この「羽」も「足」もどちらも胸びれが変化したもの。スズキ目の中には、このような進化をとげて繁栄している種もいるのです。

歩く魚

写真56　ワヌケフウリュウウオ　撮影／井田 齊

「飛ぶ魚」をご紹介したので、歩く魚もご紹介します。

海底を長い時間歩き回り、襲われそうになった時だけ下手な泳ぎで逃げるという面白い魚がいます。アンコウ目の魚たち（口絵写真4、5）がそれです。

写真56をご覧ください。フウリュウウオの仲間のこの魚は、全長10センチ前後で、小さな腹びれで体を支えながら、左右に広がった胸びれで這《は》うように海底を動き回ります。

変わった歩き方をする魚もいます。タスマニア島から豪州大陸南東部の沿岸の浅場にすむスポッテッド・ハンドフィッシュ（spotted handfish）という魚です（写真57）。

わが国には、この魚と同じ科の魚はいないのですが、アンコウ目に属していて、どちらかといえばカエルアンコウ科に近い種です（カ

写真57　スポッテッド・ハンドフィッシュ
提供／ボルボックス

エルアンコウの写真は口絵の写真4をご参照ください）。

このスポッテッド・ハンドフィッシュは、学名を*Brachionichthys hirstus*（ブラキオニクシス　ヒルストゥス）といいます。これは、「ぶつぶつ（の模様）がある、腕をもった魚」という意味になります。

歩き方に話を戻します。歩く魚の多くは、左右のひれを交互に動かします。しかし、この魚は、左右のひれを同時に前に出します。左右の胸びれを前に出すと、次に、後ろにある左右の腹びれを同時に前に出すという動きを繰り返し、前方に進んでいきます。どうしてこのような歩き方をするのか、本当に不思議です。

魚は泳ぐ動物と考えがちですが、広い海にはこうして歩くような魚も生きています。そして、他の魚が利用しない海底などの空間を埋めるように種が分かれて適応し、生き抜いているのです。

第3章

魚の世界のガンマン、園芸家、釣り師

―エサをとる戦略―

プランクトンを食べて巨大になる魚

生き物には、それぞれどんな動物でも「生きる意味」があります。

人間ならば「夢をかなえること」といったイメージが湧《わ》きますが、生物学では、生き物にとっての生きる意味とは、自己の複製をつくること、つまり子孫を残すことにほかなりません。

子孫を残す目的のために成長し、成熟し、繁殖活動を行なう。そのもとになるのがエサをとる行為です。エサを食べなければ、成長することはできません。

エサをとる行為の最も単純なパターンは、魚の場合、泳ぎながら口を開けて水を取り込み、水の中からエサだけをこしとる方法です。細かい網で水をすくい、エサだけを網に残すようなやり方です。この場合、網の口の開いているほうが魚の口、網はいわば、えらです。魚のえらは、水中から酸素を取り込む器官ですが、多くの魚にとってはエサをこしとる器官にもなっています。

この方法でエサをとる魚は少なくありません。イワシ類はこの方法が多く、例えばメザシとして食べるマイワシや、煮干しなどに使われるカタクチイワシがそうです。世界の暖海にすむジンベエザメ（写真58）もこのタイプです。

写真58　ジンベエザメ　提供／ボルボックス

最大全長は18メートルほどで、魚類では最大の種です。これだけ大きい魚ですが、大型魚などは食べません。動物プランクトンやイワシ類などがエサで、特にプランクトンや魚卵を好んで飲み込みます。そのためサメの凶暴なイメージからはほど遠く、歯は、退化した小さな歯があるだけで、口を開けている姿を見ても、よく見えません。動物プランクトンや魚卵を飲み込むだけなので、歯はなくてもよいくらいなのでしょう。

ジンベエザメが生息する場所は、プランクトンの集まりやすい海域、あるいは魚類が集団で産卵する海域に限られます。

ところでジンベエザメは、大型のエサを食べないのに、なぜ魚類として最大の体を保っているのでしょうか。

例えば、映画『ジョーズ』のモデルとなったホホジロザメのほうが、大型魚類を襲い、たくさんタンパク質を摂取しそうですが、ジンベエザメより体は小さいのです（ホホジロザメは6〜8メートル、ジンベエザメは最大18メートル）。

意外なことですが、ジンベエザメはプランクトンを食べるからこそ、体が大きいのだといえます。

例えば、陸上を見てみても、大型の動物はゾウ、サイ、スイギュウなどで、草食動物が意外と多いことに気づきます。ジンベエザメと草食動物の共通点は、大型のエサを必要としないため、エサが豊富にあることです。それが体を大きくさせているのです。肉食動物は狩りに行かなくてはならず、収穫がなければエサにありつけません。いろいろな制約があるため大きくなれないのです。海でもこの原則はあてはまるのです。

それでは、これ以外の方法でエサをとる、興味深い魚たちをご紹介していきましょう。

水中のガンマン

テッポウウオ（口絵写真28、写真59）は、東南アジアからオセアニア北部の沿岸までの、河口域で生活する全長25センチほどの魚です。

日本では沖縄県の西表島《いりおもて》で見られますが、こちらはやや小さく、成長しても20センチ程度にしかなりません。テッポウウオは、水面近くを泳ぎ、昆虫などを主に食べます。本来は落ちてくる昆虫を待って食べているようですが、時に面白い行動を見せます。

写真59　テッポウウオ　撮影／阿部正之

熱帯や亜熱帯の河口域では、川の上に木の枝葉が伸び、覆うように茂る場所がありますが、そんな枝葉の上に昆虫の幼虫がいると、川面の下のテッポウウオが狙います。口の前方から、水を発射して、葉っぱに命中させて幼虫を落下させるのです。まるで水鉄砲のような技で、エサをとります。テッポウウオという名は、ここからきています。

では、このテッポウウオの「水鉄砲」の仕組みは、どうなっているのでしょうか。

テッポウウオの口の上側には、Vの字を逆さにした形の溝があり、そこに舌を押しつけると、口の中の水は溝に押しつけられ前方に押し出されます。この動作を素早く行なうと口の前方から水が飛び出すようになっています。

テッポウウオがすごいのはそれだけではありません。水鉄砲を10発連続で発射することもできますし、水中からジャンプして、空中の虫を捕えることもできるのです。2つの才能を持った面白い魚です。

テッポウウオは日本の水族館でもよく見られます。ある水族館の飼育員に聞いたところでは、テッポウウオは飼育員が近づくと、目に向かって水を発射してくることがあるそうです。人間の目が何かの生き物のように見えるのかもしれません。

余談になりますが、フグのことをテッポウと呼ぶことがあります。「てっちり」というのはフグのちり鍋のことですが、「てっちり」は「テッポウのちり鍋」という意味です。フグには毒があるため、「当たるとあの世に行く」という意味で、鉄砲と毒を掛け合わせています。

もう一種類、水鉄砲の上手な使い手がいます。

フエヤッコダイという魚です。この魚はインド洋や太平洋のサンゴ礁にすんでいます。

名前の通り口が「笛のように」とがっていて全長は15センチほど。日頃は単独あるいは2尾（オスとメスのペア）で過ごします。

エサをとる時は、体を縦にして岩や小石の間をのぞき込み、ゴカイ類やエビなどの小さな甲殻類を見つけると小さな口でついばみます。笛のようにとがった口から水を鋭く吹き出し、砂に隠れている小さなエサも見つけ出します。

フエヤッコダイは、他の魚がエサをとる行為を邪魔してくると、とがった背びれのトゲをいっぱいに広げ相手を威嚇《いかく》します。

木刀の剣士

マカジキやメカジキなどの魚は、上顎《うわあご》が前方に伸びていることが特徴です。この長く飛び出ている上顎は「吻《ふん》」といいます（14ページの「この本に出てくる魚の用語」参照）。マカジキやメカジキはこれを使ってエサを手に入れます。吻を左右に振って小魚やイカ類を叩くのです。そして弱らせたところで襲いかかるという戦術です。

バショウカジキ（口絵写真27、写真60）は、吻が飛び出ているだけでなく、背びれも屏風《びょうぶ》

写真60　バショウカジキ　撮影／浅田桂子

のように高く大きく広げることができます。イワシ類の群れを見つけると、数尾で群れを取り囲み、背びれをいっぱいに広げて脅します。そして群れの中に突っ込むと、長い吻を激しく左右に振って魚を叩《たた》き、気絶させます。動けなくなったところで食べるのです。吻で突き刺すわけではありません。あくまで弱らせるだけですので真剣ではなく木刀の使い手といえそうです。

ちなみにバショウカジキの名の「バショウ」は、芭蕉《ばしょう》という名の多年草からきています。俳人・松尾芭蕉の名前の由来もこの植物にちなみます。芭蕉の葉がとても大きく、カジキ科の魚の背びれによく似ているところから、名づけられました。

写真61　ハチワレ　撮影／井田 齊

尾で狩りをする魚

体の一部を叩き棒のように扱って相手を気絶させて食べる魚は、他にもいます。

例えば、オナガザメ科の魚たち。この科の魚の尾は、名前の通り体長と同じくらいの長さがあります。太平洋にはマオナガ、ハチワレ（写真61）、ニタリの3種類がいて、いずれも表層から500メートルほどの深さの範囲に生息し、尾を使って小魚やイカ類を叩き、食べています。長い尾はとてもしなやかで、自分の頭の前方まで曲げることも可能です。

40年ほど前になりますが、私は調査船に乗ってマグロ類を捕獲し研究するプロジェクトに参加しました。

延縄《はえなわ》という漁法でマグロ類を捕獲するのですが、マグロ類と一緒にオナガザメの仲間のハチワレという魚も釣れました。延縄の釣り針には、イカやサバなどがエサとして仕掛けられています。魚がエサに噛《か》みつくと引っ掛かり、釣り上げられる仕掛けです。

ところが、尾びれを釣り針にかけた状態で釣れる魚がいました。それがハチワレです。当時はその理由がわかりませんでしたが、動画の解析で理由が判明しました。

ハチワレには、しなやかな尾で魚を叩き、弱らせてから食べる習性があったのです。延縄の釣り針についていたエサのイカを、尾びれで叩いていたのでしょう。だから口ではなく、尾が釣り針に引っ掛かった状態で釣り上げられたのです。

ちなみに「ハチワレ」の、「ハチ」は「鉢巻」の「ハチ」で「頭部」を意味します。ハチワレには、後頭部から胸びれへ向けて走る溝があり、そこがあたかも「頭が割れているように見える」ため、ハチワレと名づけられました。

アイスクリームすくいを持つサメ

漁獲されたマグロ類の体に、不思議な、小さな半球状の穴が見つかることがあります。販売時の価格が下がるため、この穴は漁師泣かせなのですが、ダルマザメの仲間（写真

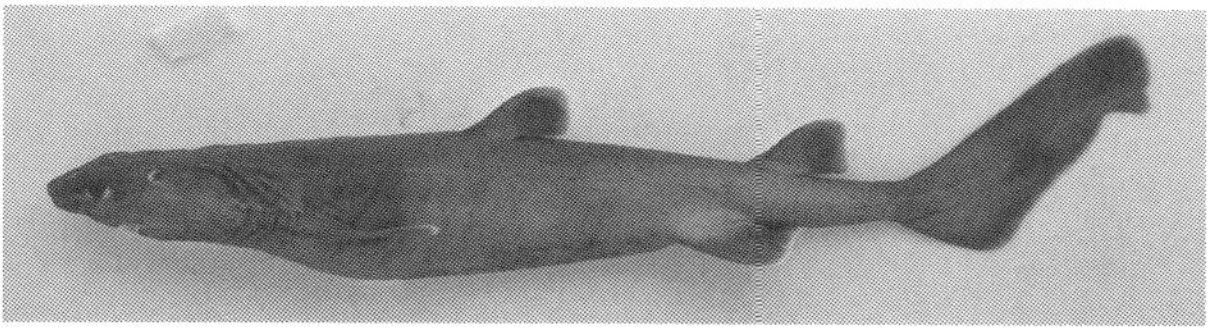

写真62　ダルマザメの仲間（ヨロイザメ）

写真63　ダルマザメの仲間（ヨロイザメ）の歯
提供／ボルボックス（2点とも）

62）がつくったものです。
ダルマザメは全長50センチ前後で体は小さいのですが、カミソリのような薄くて鋭い歯が上下の顎に並んでいます（写真63）。

生息範囲が広く、表層から5000メートルまでの深さまで、その姿を見ることができます。口を突き出した時の形は、アイスクリームをすくいとるディッシャーにそっくりです。ダルマザメは、飛び出た口を大型魚の体に当てて、自分の体を回転させながら相手の肉片を丸く切り取ります。英名は「Cookie cutter shark」。クッキーのカッターザメという意味ですが、アイスクリーム・ディッシャーザメのほうがぴったりではないでしょうか。ダルマザメはマグロ類だけでなくカジキ類、イルカ類も襲いますが、襲われる側の体が大きいと、噛みつかれても致命傷になることはありません。

植物を栽培する魚

海には、自分がエサとして食べる植物（藻類）を自ら育てている賢い魚もいます。まるで農業をしているかのようです。太平洋やインド洋など、亜熱帯から熱帯のサンゴ礁の浅い海にすむクロソラスズメダイ（写真64）は、エダサンゴというサンゴ礁を形成するサンゴ（造礁サンゴといいます）の下に縄張りをつくっています。

そしてイトグサという細い藻類（詳しくいえば紅藻類《こうそうるい》）を育てています。イトグサ以外の藻類が生えてくると口で取り除いてしまいます。自分の縄張りの「畑」に近づいてくる魚は、たとえ自分より大きい魚であっても果敢に立ち向かい、追い払うのです。特に草食性のニザダイ類やアイゴ類が接近してくると、猛烈な攻撃を仕掛けます。ヒトデが近づくと、口でくわえ、遠くに運んで捨ててしまうほどの徹底ぶりです。

そのためか、イトグサという紅藻類は、クロソラスズメダイの縄張りの「畑」以外ではほとんど見られません。クロソラスズメダイがイトグサを保護していないと育たないのかもしれません。

また、クロソラスズメダイ自体もイトグサのない場所では見つかりません。つまりクロソラスズメダイとイトグサは、単に栽培者と栽培品種という関係を超えて、相互に依存し合った共生関係を築いているようです。

クロソラスズメダイとイトグサの関係ほど強固な結びつきではありませんが、ハナナガスズメダイという魚も、同じような習性を持っています。サンゴ礁の浅い海で、枝状のサンゴの周辺を縄張りにして、糸状の藻類を大切に育て、守っています。

ダイバーが近づいたりすると、足ひれに嚙みついてきます。これらの魚の仲間以外にダイバーに嚙みついてくるような魚はあまりいません。ダイビング中に嚙みついてくる魚がいたら、ぜひ注意して見てください。近くで植物を栽培しているかもしれません。

写真64　クロソラスズメダイ　提供／ボルボックス

ルアー釣りの名人

魚の分類ではマダイやメバルなどは条鰭魚綱《じょうきぎょ》に分類されますが、これらの魚たちは敵からの防御と攻撃のため、背びれや腹びれ、しりびれに棘条《きょくじょう》（ひれのトゲ）があり、とても発達しています。

刺さると痛いので、こうした魚を釣り上げた時は注意が必要です。このトゲには、毒というほどのものではありませんが、タンパク質が含まれています。異なる生物のタンパク質が体内に入ると多少の反応が起き、腫《は》れや痛み、かゆみをひき起こすので、要注意です。ミノカサゴやダルマオコゼには毒腺《せん》をそなえたトゲがあり、人がこれに触れると、大変なことになります。毒成分が体内に入って激しい痛みや腫れをもよおします。魚であっても、ミノカサゴのトゲと接触するとひどい事態を招くため、みな警戒しています。ミノカサゴやダルマオコゼにとってはこれが身を守る武器になっています。

ところで、トゲ（棘条）をまるで釣りのルアー（疑似餌《ぎじえ》）のように扱って、自由に動かし、他の魚を捕える魚がいます。

それはアンコウやカエルアンコウ（口絵写真4、写真65）の仲間です。普通の魚は、背びれは頭の後ろにあり、トゲは全部が連なった形をしています。しかし、アンコウやカエルアンコウの場合、前方の2、3本のトゲは頭の前にあり、他のトゲと独立して自在に動かすことができます。トゲの先端には誘因器官という、飾りのようなものがついていて、これを小刻みに動かすこともできます。

アンコウやカエルアンコウの仲間は、海底の砂の上や流れ藻、岩の周辺などに身を潜めて、先端の誘因器官をルアーのようにひらひらとさせながらエサとなる小魚を誘っていいます

まるで釣り師のような魚です。このルアーのような誘因器官が、他の魚たちにとってはゴカイという

写真65　カエルアンコウ　撮影／小林安雅

生物のように見えています。ゴカイを見つけたと思って近づくと、身を潜めているアンコウ類が食いついてくるのです。

アンコウやカエルアンコウの仲間は、英名を「Angler fish」といいます。「Angler」は「釣り師」という意味で、まさに「釣りをする魚」という名前。エサとなるのは小魚ばかりではありません。北大西洋では1メートル近いアンコウが、60センチ以上のタラを疑似餌で誘い込んで飲み込むところが確認されています。

アンコウは、海底でじっと小魚を待つために、体の形が上から押しつぶしたような縦扁《じゅうへん》形《けい》をしています。幅はあっても高さがなく、平べったい形です。

ただ、こうした形ではないアンコウ目の魚もいます。カエルアンコウの仲間の体は、幅よりも高さが大きく、藻や岩の間に身を隠しています。そしてじっと小魚を狙っています。

「太公望」と名づけられた魚

珍しい名前の魚としては、わが国にはタイコウボウダルマ（写真66）という魚がいます。

「太公望《たいこうぼう》」とは、中国、周代の政治家で斉国の始祖である呂尚《りょしょう》の別名。釣りを好んだとい

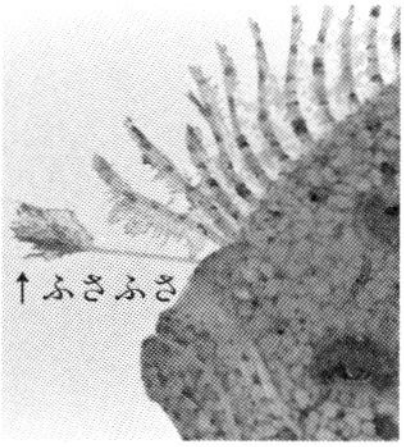

写真67　タイコウボウダルマの「ふさふさ」

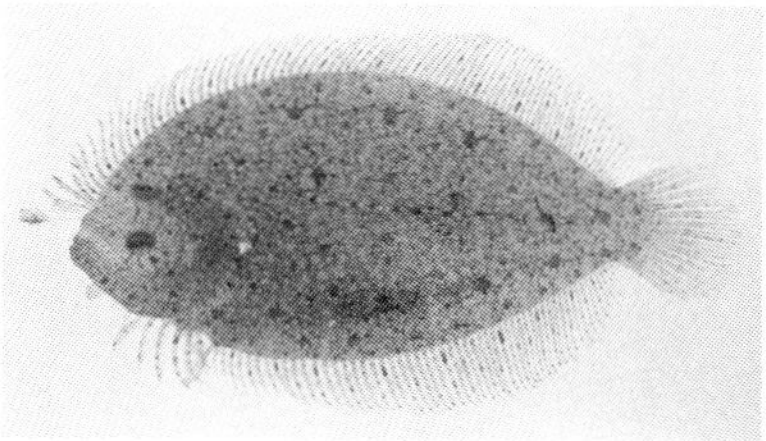

写真66　タイコウボウダルマ

提供／神奈川県立生命の星・地球博物館　撮影／瀬能 宏（2点とも）

う逸話から釣り好きの人を指して「太公望」といいます。
ルアー釣りをする魚はアンコウやカエルアンコウなどのアンコウ目の魚だけではありません。このタイコウボウダルマも擬似餌を使って釣りをしています。タイコウボウダルマはカレイ目ダルマガレイ科ですが、この仲間ではオスの胸びれ、背びれの先端部が著しく伸びる種が多いのが特徴です。

タイコウボウダルマの背びれの最前部は遊離しており、すじの先端に虫のように見える「ふさふさ」（写真67）がついています。実際に水槽に入れて観察してみると、この誘因器官を振って小魚を呼び寄せようとします。まさにルアー釣りとそっくりな生態です。わが国で初めてこの魚を見つけた研究者の尼岡邦夫《あまおかくにお》・瀬能宏《せのうひろし》両博士は、この生態から「タイコウボウダルマ」と命名したそうです。

タイコウボウダルマはダイビングで有名な沖縄県の慶良間《けらま》列島で発見されましたが、砂底に隠れているこの魚を見つけるのは難しいかもしれません。

アンコウの仲間やタイコウボウダルマなどは、なぜ疑似餌を振ってルアー釣りをするようになったのでしょうか。何種類かの魚を観察するとヒントがありました。

次ページの写真はトゲダルマガレイ（写真68）という魚のオスです。長く伸びた胸びれを立てて、釣りではなくメスへのパフォーマンスに利用しています。一種の求愛行動です（専門的にはディスプレイ行動といいます）。オスがメスに対して、自分がいかに活発で健康な個体であるかを示しているものと考えられています。

同じダルマガレイの仲間でもセイテンビラメという魚は、背びれの一番前のすじが2番目以後のすじと離れていて自由に動かすことができます。

そしてこれをちょこちょこと振ってみせて、求愛行動に使うのですが、小魚を呼び寄せることもあるようです。しかし、その先端部は疑似餌のようではなく、ただのすじに見えます。

おそらくセイテンビラメの、一番前のすじを振る行動は、当初はトゲダルマガレイと同じように求愛のためだけの行為だったのではないかと思われます。ところが、メスを呼ぶつもりが、小魚がエサと間違えて飛びついてくることがあり、小魚を捕獲する手段としても使うようになったのではないでしょうか。

写真68　胸びれをメスへの求愛行動だけに使うトゲダルマガレイ　撮影／坂上治郎

トゲダルマガレイ、セイテンビラメ、タイコウボウダルマといった、これまでのダルマガレイ科の魚3種の行動を見ると、次のような形態の変化が考えられます。

オスがひれを求愛行動のために振っていた

←

間違えて小魚が近づいてきて、食べることができた

←

ひれを疑似餌としても使う魚が出現した

写真69　ミノカサゴの仲間（ハナミノカサゴ）　撮影／坂上治郎

←　疑似餌が発達した釣り師専業のような魚が登場した

という流れです。

このように進化するまでにどれくらいの時間がかかったのか、興味は尽きません。

大風呂敷を広げて狩りをする魚

「大風呂敷を広げる」という言葉があります。

現実に合わない大げさなことを言ったり、計画したりすることを表現する時に使いますが、どちらかといえば悪い意味で用います。

魚には、胸びれを大風呂敷のように広げて相手を驚かせ、そのすきに襲って食べてしまうという知恵者の魚もいます。ミノカサゴの仲間（写真69）です。

ミノカサゴは、一本一本が離れた、長くとがった背びれのトゲを持っています。見た目にも「危ないから注意しろ」と感じさせるトゲです。また、胸びれを大きく広げることができるので小魚を見つけると胸びれを広げて威嚇し、岩礁の隅に追い込みます。それから大きな口で飲み込むのです。

胸びれを大きく広げて見せ、「大風呂敷を広げて相手を威嚇する」知恵があるのです。

海の掃除屋さん

動物の世界では、種の異なるもの同士の「助け合う行動」も見られます。

スイギュウやサイなどの大型草食獣と、その体表に寄生する虫を食べるウシツツキという鳥の関係などは、まさにそうした一種の共生関係です。このような関係を生物学では「掃除共生」と呼びますが、サイやスイギュウを見る機会の少ないわが国ではあまり知られていないようです。

ところが魚の世界では、「助け合いの行動」はわが国沿岸、例えば関東地方以南の温か

写真70　ホンソメワケベラとオジサン　提供／ボルボックス　ホンソメワケベラ（小）がオジサン（大）のえらをクリーニングしている。

い海で容易に見ることができます。

「海の掃除屋さん」と呼ばれるホンソメワケベラ（写真70）と、その他の魚との関係はまさに掃除共生です。ホンソメワケベラは全長13センチほどの小さなベラで、海底から突き出た岩の周りなどにたたずんでいます。

こうして他の魚が訪ねてくるのを待ちながら、時にはダンスをしたり客を呼び寄せるような真似《まね》をします。自分の体を掃除してもらいたい魚は、泳ぎをやめてじっとしたり泳ぐ速度を落としたりしてホンソメワケベラを近くに寄せます。そしてホンソメワケベラの小さくとがった口で、体表についた寄生虫などをついばんでもらいます。

時には、口やえらぶたまで開け、中にいる寄生虫や潰瘍《かいよう》の部分を取り除いてもらったりもします。

ホンソメワケベラに体表の掃除をしてもらう魚は、小さなテンジクダイ、スズメダイ、

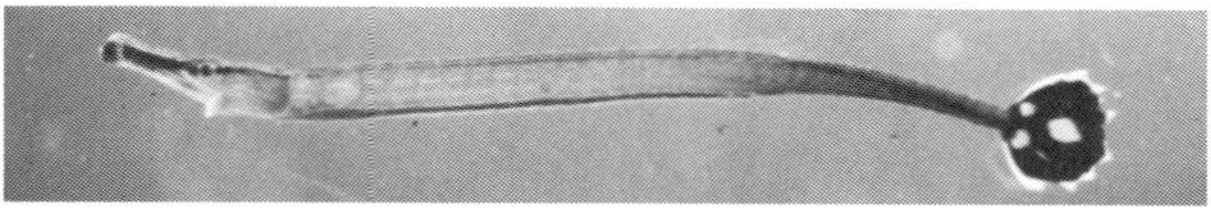

写真71　ヒバショウジ　撮影／井田 齊

イットウダイといった小魚から、肉食性のハタ類やウツボ類など中型、大型の魚までさまざまです。ウツボは肉食ですが、ホンソメワケベラを食べることはありません。自分の体内にある寄生虫や潰瘍などを食べてくれる魚がいなくなっては困ります。

ホンソメワケベラのもとには、100倍近く大きなオニイトマキエイ（マンタ）という魚が寄ってくることもあります。岩礁の上でゆっくり泳いでいる間に、ホンソメワケベラに寄生虫などを取り除いてもらっています。

ホンソメワケベラに似た、いわゆる「掃除屋さん」にはヒバショウジ（写真71）という魚もいます。全長5センチほどの小さな魚で、房総半島より南の温かな岩礁の海にすんでいます。岩のくぼみにいてじっと動かず、掃除を頼みに来る魚を待っています。ウツボなどは、その岩のくぼみに大きな体を入れて口を大きく開け、寄生虫などをきれいに掃除してもらっています。なお、チョウチョウウオの仲間も幼魚の時期には他の魚を「掃除」することがあります。

写真72　ヒメジの仲間（オキナヒメジ）
提供／ボルボックス

ヒゲでエサを探す魚

ヒメジの仲間（写真72）は、大きさは最大で50センチぐらい、平均は25センチから30センチほどで、温帯から熱帯の温かな海の浅瀬にすんでいます。下顎の先端部に長い２本のヒゲがあるのが特徴です。このヒゲには味を感じる「味蕾《みらい》」という器官がたくさんあります。

写真のように口の先端部を砂に突っ込んで、ゴカイ類やエビ・カニ類、貝類などをヒゲで探ります。そして見つけると掘り出して食べてしまいます。普通は自分でエサを探して食べますが、中には、仲間が砂の中でエサを探している最中、脇から逃げ出すエビなどを捕まえて食べているちゃっかり者もいます。

なお、ヒメジ科にはオジサンという名前の種もいます（写真70）。この和名もヒゲが生えているということからつけられたものと思われます。

硬いサンゴをかじる魚

亜熱帯から熱帯地域の沿岸にはサンゴ礁が発達し、にぎやかな生態系をつくっています。魚はもちろん、ウニやナマコなどの棘皮《きょくひ》動物、エビ・カニなどの甲殻類、貝やタコなどの軟体動物、ゴカイ類などがいて、多様な生態系をつくっています。

魚にとっては、サンゴ礁は格好の「すむ場所」になります。コバンハゼ類、ダンゴオコゼ、デバスズメダイなどは、サンゴの枝の隙間の中をすみかにしています。サンゴ礁の下を隠れ家としている魚もいます。キンメモドキ、ハタンポ類、ハタ類などで、シュノーケリングで水面を泳ぎながら下を見ると、観察することができます。

このサンゴは硬いものですが、これをエサにしている魚もいます。サンゴ礁を造っているサンゴを造礁サンゴといいますが、チョウチョウウオ類の幼魚やテングカワハギは、ポリプと呼ばれる造礁サンゴの軟らかい部分を食べています。ポリプだけでなく、ポリプを支えている骨ごとかじりとる強者《つわもの》もいます。カンムリブダイ（写真

73）などのブダイ類です。

カンムリブダイは、1日あたりなんと体重の10分の1の造礁サンゴを食べているそうです。といっても、その大部分は消化できない、サンゴの骨格部分です。

正確には、骨格を食べるのではなく軟らかなポリプやサンゴに付着している藻類を食べています。骨格は糞として排出しているのです。

造礁サンゴは、小さなイソギンチャクのような小動物が共同骨格でつながっている生き物です。この小動物が実はポリプの正体です。ポリプは自分の体の中に褐虫藻《かっちゅうそう》という光合成を行なうプランクトンを共生させています。この褐虫藻と造礁サンゴが共同でつくり上げているのがいわゆるサンゴ礁なのです。

サンゴ礁の白い海底を映してエメラルド色に輝く海。

その景色のもとになっている白い海底は、実は造礁サンゴが砕けたサンゴの砕片や、石灰質の藻類、貝殻などからできています。その砕片が砂となって独特の海の色となっているのですが、その多くはブダイが噛み砕いた造礁サンゴの骨格なのです。嵐の際に波で砕けてできた造礁サンゴの破片もありますが、ほとんどはブダイ類の魚がかじりとってできた砂です。

魚の食性がサンゴ礁の海の色をもつくっているのです。

ここまで読んでいただいて、ブダイ類はサンゴの骨格をかじりとるけしからん魚だと思う方がいるかもしれません。しかしお待ちください。「魚が造礁サンゴや海藻を食べている状態は、サンゴ礁の健全な姿だ」という考えがあります。

写真73　カンムリブダイ
撮影／坂上治郎

ブダイなどが食べるのは、比較的成長の早い造礁サンゴや藻類であり、食べ尽くしてもまたすぐ繁殖します。岩の表面には造礁サンゴの幼生が付着しているため、新しい造礁サンゴが成長できる環境も整っています。

逆に成長の遅い種類の造礁サンゴは食べられずに残るため、結果的にはサンゴ礁全体から見れば多様性が保たれることになります。ブダイがサンゴ礁の環境を整えることに一役買っていると私は思っています。

サンゴ礁を破壊するもの

ここから先は余談になりますが、サンゴ礁にとって何が脅威なのか考えてみたいと思います。ブダイは脅威ではありません。

現在、世界中で海水の温暖化によりサンゴ礁が白くなる「白化現象」が問題視されています。これこそ海にとっての死活問題です。水温が30℃ほどに上昇するとポリプから褐虫藻が逃げ出してしまいます。すると造礁サンゴが白くなり死滅してしまいます。これが「白化現象」です。私は、海水の温暖化がサンゴ礁崩壊の大きな原因だと考えています（ほかにも、オニヒトデの大発生なども世界的な脅威となっています）。

褐虫藻とポリプとの関係は、陸上における植物と動物の関係に似ています。

植物は太陽の光を使って生き物が必要な物質（有機質）をつくり、自らを成長させます。そして植物を食べる草食動物がいて、さらにそれを肉食動物が食べることで、食物連鎖が働いています。さらに動物の糞や死骸《しがい》は再び植物の肥料となって循環します。

サンゴ礁における褐虫藻とポリプの関係を見てみましょう。植物プランクトンの褐虫藻は、動物であるポリプの排せつ物を利用して光合成を行なっています。ポリプは褐虫藻のつくる有機質を利用して成長します。ポリプ自身も触手を使って水中からプランクトンを食べていますが、必要な有機質の大半は褐虫藻からもらっているのです。

一般的に、川から離れた熱帯域の浅い海では栄養が少ないため、動物にはすみにくい場所になっていますが、造礁サンゴのあるところは魚のすみかになります。多様な魚が生活の場として利用することができますが、これは褐虫藻のおかげともいえるでしょう。

この褐虫藻が逃げ出すと、造礁サンゴは数週間で死滅し、その後は褐色の海藻が海底を覆います。魚などは少なくなり寂しい様相になります。生物の多様性の展覧会場ともいえるサンゴ礁は、褐虫藻と造礁サンゴの共同作業で成り立っている貴重なシステムなのです。

海の温暖化の問題は、原因がはっきりしない部分がありますが、早急に解決しなければいけない課題なのです。

第4章

育メン、魚では当たり前

——産卵・育児の方法——

卵や子を産み、育てる5つの方法

先にも述べましたが、生物が生きる理由は自己の遺伝子を残すため、つまり繁殖するためといえます。そこでこの章では、魚のさまざまな生殖のパターンについてご紹介したいと思います。大きく分けて5つのパターンがありますが、詳しく解説する前にまずは大まかに紹介します。

一番シンプルなものは「多くの卵を産み、産んだ後は特に何もしない」というパターンです。この方法は親にとって手間はかかりませんが、他の方法に比べると一番子孫が残りにくい方法でもあります。

卵を海や川の中で産みっぱなしにすると、あっという間に多くの魚や甲殻類に食べられてしまいます。例えば、ジンベエザメは、他の魚が集団で産卵する場所を熟知していて、そこに出没して卵を食べます。仮に天敵に食べられることがなくとも、冷たすぎる海域や温かすぎる海域に流されてしまった仔魚《しぎょ》、稚魚は、そのほとんどが大きくなる前に死んでしまいます。

この「産みっぱなし」作戦は、ばらまき型の産卵なので、できるだけ多くの卵を一時に産む必要があります。少しずつ産んでいては、食べ尽くされたり、多くが冷たい海域に流されてしまったりして、全滅するおそれがあるのです。

最も単純な「産みっぱなし」の方法を第1とすると、第2の方法は「海に散らばらないよう、卵を砂や岩、海藻、海草に産みつける」というものです。

第3は、岩や海藻など基盤となるものに卵を産みつけたうえ、卵が孵化《ふか》するまで親が見守るという方法です。親がしっかり守れば、子の生き残る確率は高くなります。

第4の方法は、さらに孵化した後も、何らかの形で仔魚や稚魚を親が守るパターンです。ほ乳類や鳥類のような方法ですが、魚にもこうした戦略をとるものがいます。例えば、ナマズの仲間は、仔魚が泳げるようになるまで見守ります。

また体外に卵を産むという形ではなく、卵をメスの体内で孵化させるというやり方もあります。これが第5の方法です。

観賞魚で有名なグッピーは受精卵を孵化する時まで体内にとどめ、卵が孵化した後で産み落とします。

さらにメスの親の体内で子供が卵からかえり、体内でメス親からの栄養物を受け取り成長し続け、大型の子供になってから体外に出るというタイプもいます。

これらはメス親の体の中で育てるタイプといえ、「胎生《たいせい》」と呼びます。

「産みっぱなし」から「胎生」までの段階、つまり第1の方法から第5の方法へ行くにしたがって卵の数は大きく減少していきます。第1の方法の「産みっぱなし」の魚は、数十万から数百万個の卵を産みますが、第5の方法の「胎生」の魚では、1~2尾という場合もあります。段階が上がるごとに卵の保護や仔魚の保育に関わる度合いが強くなるため、そんなに多くの子を産むことはできなくなるのです。それでは詳しく見ていきましょう。

3億個の卵を持つ魚

魚の世界で最も多い繁殖方法は第1のパターン、卵を「産みっぱなし」にするという方法です。

これは回遊性の魚に多く見られる繁殖方法で、例えば回遊魚の代表的な種であるクロマグロやキハダなどのマグロ類は、一日中、止まることなく泳いでいます。泳ぎながらエサをとるので休息する時間がありません。孵化した卵を見守る余裕もないのです。それでも多くの子孫を残したいという、生物としての本能があります。では、どうするのでしょう。

卵が一か所にかたまらないよう、広がるように海流に乗せて出産するのです。

マグロ類だけではありません。マイワシも「産みっぱなし」戦略をとります。マイワシの卵はブリに食べられますが、ブリも「産みっぱなし」戦略です。

海ではなく河川では、利根川などにすむ中国からの移入種・ハクレン（写真74）が、この方法をとっています。

成熟したハクレンは春になると川をさかのぼり、春の終わりに雨で増水した川の中流で産卵します。増水時のほうが、卵が下流まで流されて散らばるためでしょう。卵は100キロ近くも流されているうちに孵化していきます。

ただし、この話はこれで終わりません。ハクレンは中国が

写真74　ハクレン　提供／ボルボックス

原産で、大陸を流れる長大な川がふるさと。川の長さは日本の河川とは比べものになりません。そのため日本の川にすむハクレンは、下流に下りすぎて、海に出てしまい、海水にまみれて死んでしまうケースが多いのです。中国の大河なら何百キロ下っても大丈夫ですから、かわいそうなことです。

写真75　マンボウ
提供／ボルボックス

「産みっぱなし」の方法をとる魚はたくさんいますが、それではどのような魚がどのくらい卵を持つのか、ここで具体的に見てみましょう。

結婚式の料理で並ぶマダイは、5歳くらいで成熟し、卵は200万粒ほどを持つようになります。6歳になると、卵は約250万粒、7歳では約350万粒を持ちます。

さらにケタ違いの数の卵を持つ魚がいます。それはマンボウ（写真75）です。全長は最大3・3メートルにもなりますが、約3億個の卵を持つことが知られています。

マンボウの場合、「3億個の卵を（一度に）産む」と思っている人もいるようですが、この卵をすべて産むかどうかはまだ明らかになっていません。しかし、たくさん産むことは間違いありません。

ホヤに卵を産みつける

「産みっぱなし」の魚よりも少し高度な繁殖行動をとるのが、第2の「散らばらないように産む」魚たちです。

淡水域では、コイやフナ類のメスがアシなどの水辺の植物に卵を産みつけて、オスが放精して受精させます。

海では、卵を海底の砂地や岩盤、海藻、浮遊物などに産みつける魚がいます。例えばニシン、ハタハタなどは、産卵期には沿岸のホンダワラなどの海藻に卵を産みます。この卵は付着性があります（くっつきやすいという意味です）。海藻に産むと天敵の目に届きにくく、無事に卵がかえる確率が高くなります。

産卵後、親は卵の面倒は見ませんが、「産みっぱなし」の無責任方式と比較すればまだましで、子は泳ぎ出すまで比較的安全な場所で過ごせます。

ホヤという無脊椎《むせきつい》動物は酒のつまみなどで食べますが、「足が早い」、つまり腐りやすいのが特徴です（食べるのはホヤ類の中の「マボヤ」という種です）。漁港に近い居酒屋などで食べる新鮮なマボヤは海の香りがしてたまらなくおいしいものですが、人間以外にこのホヤの仲間を利用する魚がいます。

「散らばらないように産む」の応用パターンで、「散らばらないように産み」かつ「天敵が食べにくいところに産む」場所としてホヤの仲間を利用します。

本州周辺の浅い岩場にすむアナハゼ（写真76、77）がその利用者です。

アナハゼの仲間は、秋から初冬にかけての10月から12月初め頃に交尾をすませ真冬の12月中旬から2月頃までにホヤの穴に卵を産みます。

ホヤはえらで呼吸をするので、えらの出水孔には常に新鮮な海水が流れ、アナハゼの卵は清潔に保たれとても良い環境です。さらにえらの穴は狭いため、アナハゼの卵を狙う捕食動物も口を入れることはできません。孵化するまでの間、アナハゼは安心して過ごすことができます。

興味深いことに同じアナハゼ科の魚でも、アナハゼという種はホヤ類を選びますが、オビアナハゼという種は海綿《かいめん》類の穴を選んで産卵します。海綿は無脊椎動物で軟らかい体を持った生物です。

写真76　交接するアナハゼ。オスが下。

写真77　ホヤに産卵するアナハゼ
撮影／阿部秀樹（２点とも）

「海綿」は生き物の名前ですが、スポンジという意味もあります。軟らかさを想像していただけますでしょうか。ホヤ類のえら穴やこの海綿類の出水孔は小さいので、卵を産みつけても大型の捕食者に卵を食べられることはありません。

交接器（ペニス）を持つ魚

アナハゼ類にはその他にも珍しい特徴があります。

アナハゼ類のオスには交接器《こうせつき》がありメスと交尾しますが、魚はほとんどの場合、メスが産んだ卵にオスが精子を放出して受精させるパターンが多く、交尾する魚は少ないのです。交接器はペニスのようなものですが、魚にそのようなものがあるのを知っている人は少ないでしょう。「見たことはない」という人がほとんどではないでしょうか。交接器があるのはサメやエイの仲間など、限られた種だけです。

また、アナハゼは交尾してから産卵するまで、2か月ほどの時間差があります。これも珍しい点です。多くの場合、動物の精子と卵子が結びつくと、直《ただ》ちに「卵割」と呼ばれる細胞分裂が起こりますが、アナハゼ類ではすぐには起こりません。2か月の休眠状態が続いた後に起こります。

そのため実際の受精は、メスが卵を体外に出す時に起こります。交尾と受精に2か月間のずれがあるというのはそのためです。

アナハゼの卵は1・7ミリ前後とやや大きく、15℃前後の水温では産卵後約2週間で孵化が始まり、仔魚は7ミリほどの大きさで生まれます。この大きさはスズキ目の魚類としてはかなり大きいといえます。

また、オビアナハゼの場合は産卵時に場所の確保をめぐって争いが起こるのも珍しい特徴です。

オビアナハゼは晩秋の日中に交尾をします。交尾の約2か月後の冬、メスたちは産卵に適した海綿類を探します。産卵に適した海綿がなかなか見つからない場合は争いが起きます。強いメスなら見つけた海綿を1尾で独占しますが、弱いメスは数尾で一つの海綿を共有することになります。

産卵は夕方に行なわれます。産卵後、オビアナハゼのオス、メスは海綿に産んだ卵を守ることはしないので、ベラの一種のアカササノハベラなど、卵が大好きな捕食者に狙われ

写真78　海底のミステリーサークル　撮影／大方洋二

ることがあります。しかし、出水孔の出口から遠い、深いところに産みつけられた卵は、食べられることなく成長します（水中写真家の阿部秀樹氏の観察による）。孵化までおよそ1か月かかります。

ミステリーサークルをつくる魚

ここで、他に例のない繁殖法を紹介します。これも第2パターンの「散らばらないように産む」に分類できますが、極めてユニークな例です。

世界で唯一、幾何学模様の「ミステリーサークル」（口絵写真6、写真78）を海底の砂地につくり、そこに産卵するという魚がいるのです。フグの一種で日本の海にいます。

奄美大島《あまみ》で発見され、２０１４年に新種として認定されました。従来から奄美の海底に不思議なサークル状の模様があることがダイバーたちに知られていましたが、誰がつくったのかはわかりませんでした。

ところが２０１１年、水中写真家の大方洋二《おおかたようじ》氏が、フグがミステリーサークルをつくっているのを見つけ、撮影しました。大方氏はフグの研究者である国立科学博物館・松浦啓一博士に連絡し、同博士が新種と確認。博士はフグをアマミホシゾラフグ（奄美星空フグ・口絵写真7、8、写真79）と命名しました。

このフグの繁殖行動を見てみましょう。

オスは4月から8月にかけて、海底25メートル付近の砂底に降り、ミステリーサークルの中心部を設定します。そこから放射状に溝を掘っていき、最終的には27本前後の溝を掘り

写真79　ミステリサークルをつくるアマミホシゾラフグのオス　撮影／大方洋二

ます。その溝の外側におよそ直径2メートルの円を描き、さらに同心円の構造物を、胸びれと体を使ってつくっていきます。

これはメスのために行なう活動で、メスに気に入られるかどうかが勝負なのです。そのためサークルの中心付近に貝殻の砕片を運んで飾りつけまでします。1週間ほどでミステリーサークルは完成しますが、コンパスを使わないのに正円に近いサークルになっていて、本当に不思議なものです。

オスのつくったミステリーサークルを気に入れば、メスはオスとともに中心部に移動して産卵します。しかし気に入らないとメスは去ってしまうので、オスも必死です。

メスが気に入って産卵した場合、受精卵は4日ほどで孵化し、稚魚が生まれます。

命名者の松浦博士によると、サークル内に複雑な構造物をつくると良く目立ち、メスにとっては魅力的なものに映るようです。

また放射状になっている理由は、どの方向からも水流が中心部に流れるようにするためで受精卵に新鮮な海水が常に届くようにするためと推測されています。

一般に水底に付着するよう卵を産みつける魚は、オスが孵化するまで胸びれで海水を送ったりして保護行動をとりますが、アマミホシゾラフグは、オス、メスともに産卵後は巣を離れます。離れてもたえず新鮮な水流があるミステリーサークル。このミステリーサークルは、オスの能力をアピールするだけでなく、親が離れても受精卵を健全に育てる機能をそなえたゆりかごでもあるようです。

ちなみに、アマミホシゾラフグの全長は約12センチ、ミステリーサークルはおよそ直径2メートル。体の約16・7倍のサークルをつくったことになります。1・7メートルの身長の人間にあてはめると、28・4メートルくらいになります。

アマミホシゾラフグの命名者、松浦博士は、

「人間にたとえるなら、直径28メートルほどにもなる大きなサークルをオスがスコップで掘っていくようなもので、男の私はフグに生まれなくて良かったと思う」

と国際会議の場でお話しされ、会場は笑いに包まれました。

1年以下しか生きられない宿命を負った魚

続いて、アフリカの魚をご紹介します。

これも第2パターンの「散らばらないように産む」タイプです。

ノトブランキウス・グエンテリ（以下、ノトブランキウス）というカダヤシ目の魚がいます（写真80）。

観賞魚として有名なグッピーの仲間です。アフリカのタンザニアからザンビアにかけて、雨季と乾季の差が激しい地域の、季節的に出現する水たまりに生息しています。全長は5・5センチほどの小さな魚です。

ところが生命力の強さは驚くほど。卵からかえってわずか2か月足らずで親になり、すぐに産卵することができます。

オスとメスはつがいになって、水底に卵を一つずつ産んでいきます。水が十分ある間は産み続けますが、乾季になり水がなくなると親は死んでしまいます。しかし、水底の受精卵は卵の殻を厚くし、乾燥に耐えられるように変化していきます。この卵を「耐久卵」と呼びます。耐久卵は2、3か月間そのままの状態で耐えることが可能です。

雨季になり、雨が降って耐久卵が水に浸かると、卵の殻は特殊な酵素で溶かされ、稚魚が生まれます。ノトブランキウスという魚は、こうして生まれて2か月で親になって次世代を残し、乾季が来れば死んでいくのです。

これは、耐久卵が次の雨季までの2、3か月もの間をしのいで、命をつないでいくという、種としての戦略ともいえます。

写真80　ノトブランキウス・グエンテリ
撮影／阿部正之

このノトブランキウス、自然界では雨季に誕生し乾季には斃死《へいし》してしまいますが、人工的に整備された水族館のような飼育環境では、はたしてどうでしょうか。この場合は1年以上生きることが確認されています。

ノトブランキウスが属するのはカダヤシ目です。この目の中で良く知られた種はカダヤシです。蚊の幼虫であるボウフラを食べるので「蚊絶やし」というわけです。そのカダヤシの原産地は、アメリカから中央アメリカにかけての大西洋岸の淡水域ですが、旺盛《おうせい》な生命力とボウフラを食べるという特徴があるため、北欧を除く世界各地に移植されています。

しかし、ノトブランキウスは、低温にとても弱く、インドやソロモン諸島などの熱帯地域のみで、ボウフラ退治用の魚として活用されています。

有名な育メン魚・クマノミ

「産みっぱなし」「散らばらないように産む」の次は、第3のパターン「卵が孵化するまで守る」です。ここでは、育メンとして名高いクマノミ（写真81）を忘れてはいけません。アメリカのアニメ映画『ファインディング・ニモ』でも、クマノミの仲間・カクレクマノミが主役となり、話題を集めました。

クマノミは、ハマクマノミ、カクレクマノミなどからなるクマノミ類の中で、最も北方の温帯海域にまで適応した種です。インド洋や太平洋の温帯、熱帯地域の浅海に生息しています。わが国では琉球列島（奄美《あまみ》諸島から八重山《やえやま》諸島も含む島々）などで繁殖している様子が観察されています。

クマノミの全長は13センチ以下で、「サンゴイソギンチャク」など、大型のイソギンチャクをすみかにして生活します。

イソギンチャク類は、刺胞《しほう》と呼ばれる、無数の毒針を触手にそなえ、他の動物が触手に触れると一瞬で毒針を発射、相手をしびれさせます。人間も指で触ると、毒針が発射され針が指にくっついてしまいます。手のひら側の指を刺されると、角質層があるので痛みは感じませんが、手の甲側を刺されると痛みを感じます。人間にもイソギンチャクの毒は効きます。

このため多くの魚はイソギンチャクに近寄らず、イソギンチャクをすみかにしているクマノミは安心して暮らせるわけです。

写真81　クマノミ
撮影／坂上治郎

なぜクマノミはイソギンチャクに刺されないのか

では、どうしてクマノミは刺胞に刺されないのでしょう。

毒針の発射装置は、接した動物の体液のマグネシウムの濃度が海水のそれより低いと発射される仕組みです。クマノミの体表の粘液にはマグネシウムが多く含まれ、濃度が高いため毒針の発射が抑えられるのです。マグネシウムに富んだ体液で武装して、毒針を発射させないようにしているともいえます。

実は、この仕組みを解明したのは、日本の女子高校生です。２０１５年、愛媛県のお二人が解明しました。この研究は、第58回日本学生科学賞の最高賞にあたる内閣総理大臣賞を受賞しましたが、それも当然と思える素晴らしい成果です。ニュースで知ってとてもうれしくなったことを覚えています。と同時に研究者の一人として、どうしてこのような実験を自分で行なわなかったのかと、恥ずかしくもなりました。

イソギンチャクにすむクマノミは、ボス的存在のメスと、1尾のオス、数尾の幼魚からなる群れです。この群れを「家族」といわないのは、この幼魚は一緒に暮らすオスやメスの子供ではないからです。

では、どうして親子でないもの同士が群れをなしているのか。これには説明が必要です。産卵時期、オスはイソギンチャクのすぐそばの岩盤を口できれいに掃除します。普段すんでいるイソギンチャクの中ではありません。というのも、これから生まれる卵には、イソギンチャクの毒針からの防御システム（マグネシウムの粘液）がありません。そのためイソギンチャクの触手から少し離れた、きれいになった岩盤を産卵場所にするのです。

メスがそこに卵を産みつけ、直後にオスが精子をかけて受精卵ができると、オスは胸びれで新鮮な水を送ったり、死んだ卵を取り除いたりします（写真82）。卵がイソギンチャクの触手に触れないように注意するのもオスの仕事です。

写真82　クマノミのオスが卵（右側）の世話をしているところ　撮影／坂上治郎

この間、メスは卵の保護にはほとんど関わりません。

卵は1週間から10日ほどで孵化。孵化するのは日没後ですが、これは捕食者の活動する日中を避ける戦略でしょう。卵を守るオスがいないと、すぐにベラなどがやってきて卵を食べてしまいます。卵は栄養満点で他の魚にとってはご馳走《ちそう》なのです。

仔魚は孵化するとすぐに海面近くに上昇します。仔魚は、卵黄と呼ばれる栄養分を持って生まれてきます。2、3日はこれを栄養分にして成長し、食べ終えるとプランクトンを食べながらあちこちに散らばっていきます。2週間ほど浮遊します。

そのためほとんどの仔魚は、実の両親と同じイソギンチャクに戻ることはありません。2週間ぐらいして、海底近くを泳ぎイソギンチャクにめぐり合うと定着しようとします。しかし、同じくらいの成長段階のクマノミが先住者としていれば追い出されてしまいます。オス、メスつがいのクマノミだけがいて、仔魚がいない場所なら、追い出されることなく潜り込めます。

これが親子でないもの同士がイソギンチャクで群れをなしている理由です。

こうして見ていると、クマノミとイソギンチャクの関係はクマノミだけにメリットがあるように思えますが、そうではありません。

海水の動きが少ないため、イソギンチャクの触手の間には浮遊物などがたまりがちですが、そうした触手にくっつくゴミをクマノミが取り除いてくれるのです。

またクマノミがいないと、サンゴイソギンチャク（イソギンチャクの一種）のポリプを食べるのが好きなトゲチョウチョウウオなどの魚たちがイソギンチャクを食い荒らしてしまいます。クマノミはポリプを食べる魚からイソギンチャクを守るボディーガードのような役割も果たしているわけです。

「育メンの鑑《かがみ》」は本当か？

テンジクダイ科の魚は、第３のパターンの「卵を守る」タイプの魚として有名です。オスは受精卵を口にくわえて孵化するまで守り、その間はエサをとりません。自分の食事もせずに育児する「育メンの鑑だ」と、世間の魚愛好家の間でも評価が高く、美談のように語られています。

写真83　卵を口に入れたネンブツダイのオス
撮影／阿部秀樹

テンジクダイの仲間は、全世界にはおよそ３５０種が認められ、まれに20センチを超す種もいますが、多くは10センチほどの小魚です。夜行性で、昼間は岩礁や藻場の近くで過ごしますが、夜間は広い範囲を泳ぎ回ります。

テンジクダイ科のネンブツダイ（写真83）は、本州中部以南にすむ魚で、大きさは13センチほどです。普段は200尾ほどの群れで泳いでいますが、前出の阿部秀樹さんの観察では繁殖期の夏になると群れの中につがいができます。つがいが群れから距離を保つようになると産卵の準備ができた証拠です。

やがてメスはオスの体や口の周辺をつつきます。

オスが口を開けると、卵の塊《かたまり》（「卵塊《らんかい》」といいます）の受け入れ準備ができたというサイン。日没後、海底近くで2尾が並んだ状態で産卵を始め、メスが卵塊を放出すると、オスもただちに精子を出して受精させます。

メスが海底に産んだ卵塊を、オスは口にくわえて受精卵の保護を始めます。孵化までオスはずっと卵塊をくわえ続けます。時々卵塊をくわえなおす仕草はしても、自分がエサをとる行動は全く見られません。

ところが、最近の研究で意外な事実がわかりました。

孵化直前の卵塊の重さを測ると初期の約70％の重さに減っていたのです（ネンブツダイの仲間の、他の種の観察による）。減少分はどうしたのかというと、外部にこぼれた形跡はなく、どうやらくわえなおす際に、オス親がばらけたものを食べていたようです。テンジクダイ類は「育メンの鑑」といわれてきましたが、空腹を癒《い》やすために卵の一部を食べているのが実態のようです。

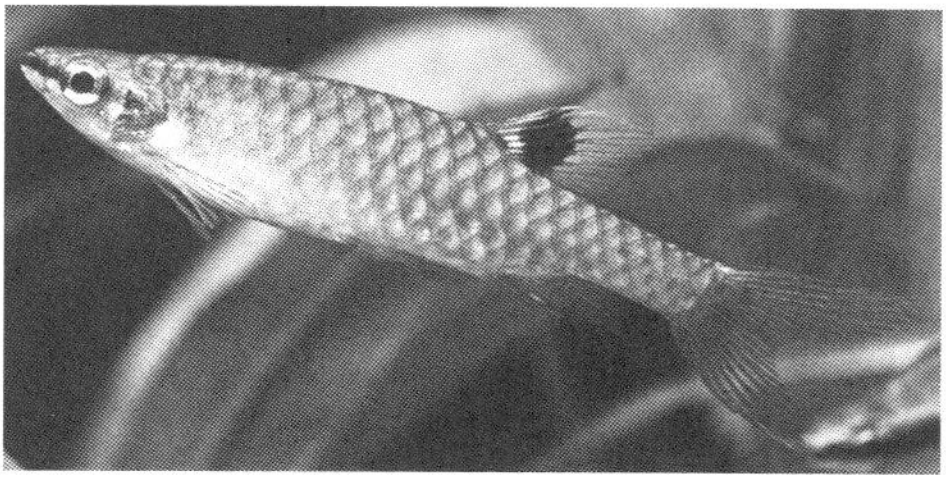

写真84　コペラ・アルノルディ　撮影／阿部正之

ジャンプして木の葉に産卵する魚

コペラ・アルノルディ（英名スプラッシュ・テトラ）という魚がいます（写真84）。

この魚も「卵が孵化するまで守る」タイプ（第3パターン）の種になりますが、とても変わった方法をとります。

コペラ・アルノルディは、南米のアマゾン川、オリノコ川の下流域に生息し、全長は5センチ以下のカラシン目（コイ目に近い淡水魚の仲間）の魚。メスはオスよりひと回り小さく、動物プランクトンを食べています。特筆すべきはその産卵の方法です。なんとジャンプして水面より上にある木の葉に卵を産みつけるのです。

ジャングルのようなところを流れる川で、水面近くまで木の葉が茂っているようなところ。このような川にコペラ・アルノルディはすんでいます。産卵時期になると、つがいが水面近くに現れます。シンクロナイズドスイミングのように、オスとメスが同時にジャンプすると、水面を飛び出し、高いところにある葉の裏側にオスとメス両方がくっつきます。オス、メスともに数秒間、ひれを使ってそこにとどまります。

メスは1回に5~8個の卵を産みつけ、オスはメスより若干長く葉にとどまり、ただちに精子をかけます。水面上の葉の高さはおよそ十数センチ。オスの全長の3倍ほどもあるところにジャンプを繰り返して産卵します。メスの大きさによりますが、産みつけられた卵は100~200個にのぼります。

産卵が終わってもオスの仕事はまだあります。魚の卵は乾燥に弱く水分が必要です。そのためオスは孵化するまで体の後部と尾びれを使って、水面で卵に水しぶきをかけ続け、水分を補給します。一方メスは、産んだ後はその場を離れます。

卵は2、3日で孵化し仔魚が生まれますが、葉の裏についているため仔魚はすぐに落下して、水中生活を始めます。

3万2000種ある魚の種の中で、空中に飛び上がって卵を産むのはこの種だけです。水面を離れて木の葉に産む理由は、水中にいる捕食者を避けるためと考えられています。

コペラ・アルノルディの産卵

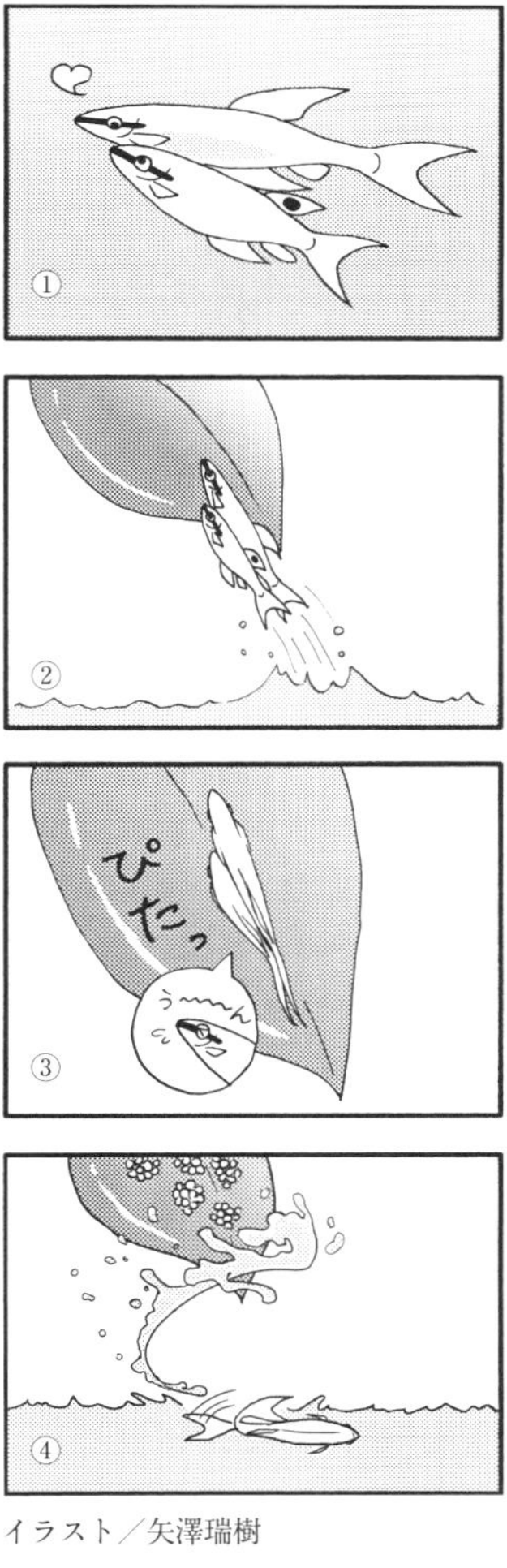

①オスとメスのペアが産卵のタイミングをはかる

②オスとメスが水上にジャンプ！

③葉に産卵、放精する

④オスが受精卵に水をかけ、乾燥を防ぐ

イラスト／矢澤瑞樹

オスが家をつくって育児する魚

ここからは第4パターンの「仔魚や稚魚を守る」タイプの登場です。

北海道や東北、北陸の水のきれいな小川や池には、トミヨ（口絵写真10、写真85）という魚がいます。全長は5センチほどの小さな魚です。

この魚の仲間（トゲウオ科の魚）には、近畿地方の淡水域にしかいないハリヨ、千葉県以北から樺太《カラフト》周辺までの太平洋岸、あるいは日本海沿岸の淡水域まで広く分布するニッポンイトヨなど、10種がわが国にいます。

トミヨのオスは水草の破片を集め、水草の茎に丸い、鳥の巣に似た家をつくって（写真86）、メスにアピールします。さらにメスが通るとダンスをして求愛します。しかし、家をつくっても多くのメスはほとんど見向きもしません。

鳥類にも同じような行動をする種がいます。パプアニューギニアのニワシドリ（庭師鳥）という鳥は、貝殻や花びらで飾った巣をつくってメスにアピールし、極楽鳥《ごくらくちょう》という鳥は独特のダンスを踊って求愛します。

鳥類と魚類という、進化の系統が全く異なる動物が同じような行動をとるのはとても興味深いことです。

写真85　トミヨ（淡水型）　提供／いしかわ動物園

写真86　トミヨ（淡水型）の巣　撮影／高橋 洋
上がオスで下がメスのトミヨ。

話をトミヨに戻しましょう。トミヨは求愛活動を続け、ようやくのことでパートナーを獲得すると、メスを家に誘導します。メスは巣の中で数十から１００個ほどの卵を、巣の中に産みつけます。産卵した直後にオスも巣に入り、受精させます。オスは自分の巣に2、3尾のメスを誘い込むので、巣には40～２００の卵が産みつけられることになります。

メスが産卵すると、オスは独りで卵を守ります。ひれを使って卵に新鮮な水を送るのもオスの役目です。トミヨの卵は、約1週間で孵化します。

この後も、仔魚が独り立ちできる時まで、オスは外敵から仔魚を守り続けます。

「産みっぱなし」タイプの魚には100万や億という単位の卵を持つものがいますが、トミヨの仲間は100の単位です。体も小さく、巣をつくり大事に育てるので、少なく産むのです。

オスが子を産む⁉　タツノオトシゴの仲間

タツノオトシゴの仲間も「仔魚や稚魚を守る」（第4パターン）タイプの魚です。

世界中に50種あまりいて、どの種も腹びれとうろこがなく、体の大部分は「体輪《たいりん》」と呼ばれる固い輪で覆われています。尾部は体輪があまり発達していないので軟らかく、海藻や細長いものに巻きつくことができます。頭部は体の他の部分と直角についているので、体を垂直にしても顔は正面を向いています。

他の魚とは形が大きく異なるので、日本では「竜《たつ》の落《お》とし子《ご》」と名づけられました。英語では「Sea horse（海の馬）」や、「Sea dragon（海の竜）」などと呼ばれます。

タツノオトシゴの仲間が誇るべきは、特異なその容貌よりも育児方法かもしれません。オスの腹部には「育児嚢《いくじのう》」という柔らかな膜でできている袋があり、ここで卵を保護します。

タツノオトシゴの仲間を養殖している加藤紳氏の観察記録に基づいて、その生殖行動を見てみましょう。

オスとメスは腹部を合わせ（写真87）、メスはオスの育児嚢の中に卵を産みつけます（この間10秒以内）。オスが卵を受け取ると、数秒以内に体を激しく震わせ、この行動で受精をさせていると思われます。オスはその後、25℃の水温なら2週間、20℃なら3週間ほど受精卵を保護し続けます。

この保育期間の後、オスはのけ反るように体を

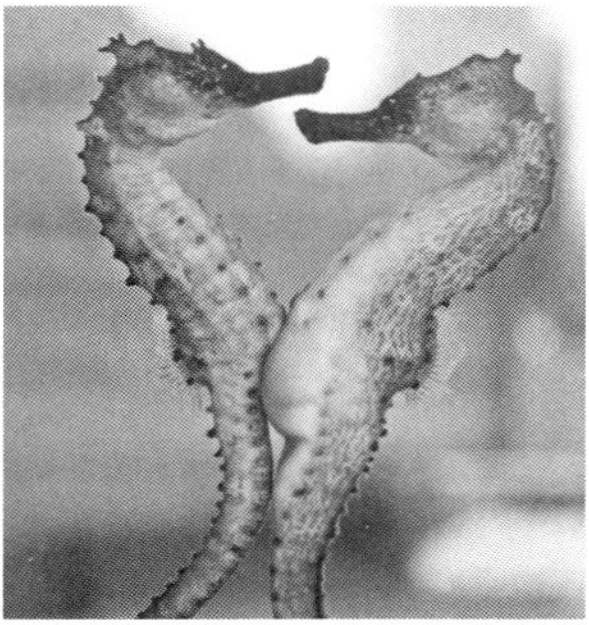

写真87　卵をオスの育児嚢に産むタツノオトシゴの仲間。メスは左。　撮影／加藤 紳

激しく震わせて、稚魚を育児嚢から押し出します。泳ぎ出す稚魚の数は100尾前後ですが、タツノオトシゴの仲間の中でも大型のクロウミウマになると1400尾を超えます。

この仲間は、卵が稚魚になると育児嚢から放出するので、第3パターンの「卵を守る」に分類できるとも考えられますが、長く卵を保護し、生まれた稚魚は発達していて、親と同じ形をしている点などから、やはり第4パターンの「仔魚や稚魚を守る」に分類しました。

稚魚を放出する際の行動を、私も実際に観察したことがありますが、オスがのけ反るように体を激しく震わせるところは、産みの苦しみを味わっているように見えました。お産の苦しみを味わうのは、タツノオトシゴの仲間の場合、オスなのかもしれません。

なぜ卵を守るのはオスばかりなのか？

これまでオスが卵を守るお話ばかりしてきましたが、なぜ育メンばかりなのでしょうか？

3万2000種以上と種が多い魚類にあって、メスが受精卵や子供を守るのはディスカス（後述）やナイルティラピア（後述）などごく少数の魚に限られます。それはなぜなのでしょう。

卵を生産するのに要するエネルギーが、オスとメスではメスのほうが断然大きいことが理由です。

卵巣と精巣の大きさの違いからも推察できます。産みっぱなし型のブリやクロマグロの場合、メスの卵巣の重量が体重の5〜6％であるのに対して、オスの精巣の重量は体重の2〜3％で、メスの半分程度しかありません。

トミヨのような卵の保護行動の発達した魚類は、産卵数は数十から数百個、多くても1000個前後です。生残率を高めるため保護行動の発達した魚は、卵の数を減らし、卵を大きくします。そのため1回の産卵量は体重比で10〜20％にもなり、産卵に要するエネルギー量は、産みっぱなしタイプに比べて2倍以上です。負担も2倍以上と考えていいでしょう。

一方、オスの精巣へのエネルギー投資は、メスに比べてはるかに少量です。そのため、体力の消耗が少ないオスが育メンとなるわけです。子育てにはオスが当たるのが合理的なのです。

メスが産卵のほかに卵を守ったり、子育てをしたりすれば、その負担はさらに増えます。

母体へのダメージが大きすぎて、次回の繁殖期には卵の生産が間に合わなくなる可能性があります。

人間界にも育メンがいますが、母体の負担を考えれば、合理的なことかもしれません。

口の中で子供を保育する魚

さて、仔魚や稚魚を守る第4のパターンの紹介を続けます。

カワスズメ科の魚は、砂底の巣や自分の口の中で卵を保護します。自分の口の中で卵を保護する点は、先に紹介したネンブツダイの仲間と同じですが、カワスズメ科の魚はさらに孵化した仔魚が稚魚になるまで口の中で保護します。

カワスズメ科のナイルティラピア（写真88）という魚は、イスラエルやアフリカのナイル川水系、アフリカ西部に広く分布しています。成長が早く味も良いので、東南アジアなど多くの国々に食用として移植されました。日本も無縁ではなく、「チカダイ」「イズミダイ」といった名前で養殖されています。「タイ」とつけられていることからわかる通り、タイと形が似ています。また、肉は白味で食感も似ているので、日本でもタイのような調理法で食べられています。

ナイルティラピアは水温が14～34℃ならば生存可能ですが、繁殖するには20℃以上の水温が必要です。成魚は全長は60～70センチに達し、体重は４・３キロになります。条件が良ければ１か月ごとに産卵を繰り返します。

写真88　ナイルティラピア　撮影／井田 齊

　オスは水深１メートルから２メートル付近に産卵床を掘り、メスを誘い産卵させます。オスは産卵床に産み落とされた卵塊にすぐ精子をかけ受精させます。オスの求愛行動は数時間続き、複数のメスの卵に受精させることもあります。

　テンジクダイ科の魚と異なり、ナイルティラピアのようなカワスズメ科の魚の場合、「口内《こうない》保育《ほいく》」を担当するのは、オスではなくメスです。卵は直径が約１・５ミリ、孵化した仔魚は４ミリほど。メスは

産卵し受精した約200個の卵をくわえます。卵は1週間ほどで孵化しますが、孵化した仔魚にはまだ栄養分のつまった卵黄がぶらさがっています。これが仔魚の栄養分になります。この卵黄を仔魚が吸収するまで、ちゃんと保護しています。

「口内保育」といっても、常に仔魚を口の中に入れているわけではありません。自由に泳げるようになるまで、出したり入れたりしながら育てています。捕食者がくれば口の中に隠します。

ナイルティラピアは味も良く成長も早いため、移植先での評判も良好です。開発途上国などでは貴重なタンパク源になっています。ただその生命力の強さゆえ、固有種が脅かされるという問題も生じています。日本では、生態系に被害を及ぼす可能性があると考えられ、「生態系被害防止外来種」に指定されています。

魚なのにミルクで子育て

ディスカス（写真89）と呼ばれる魚がいます。

この種も子育てに熱心で、オスとメスが協力するタイプです。

ディスカスは、観賞魚として品種改良され、日本では熱帯魚ショップなどで見ることができます。もともとは南米のアマゾン川流域からリオグランデ川水域が原産で、全長20センチほどに成長します。

乾季は群れで生活していますが、雨季にはオスとメスのペアは繁殖のため水没林に移ります。そして、ペアで仲良く水草や木の表面などを口できれいにし、50～３００個の卵を産むのです。

産卵後も、ペアで仲良く胸びれを使って卵に新鮮な水を送って保護し、死んでしまった卵を取り除きます。卵は２・５日ほどで孵化し、仔魚は丸一日をかけて卵黄を吸収。吸収し終わると親の周囲に群れて泳ぎ始めます。

ここから不思議なことが起こります。

写真89　ディスカス　撮影／阿部正之
目の左の黒い粒が仔魚。「ディスカスミルク」を取り込んでいる。

親となったペアは体表から「ディスカスミルク」と呼ばれる粘液を出すのです。仔魚はこの粘液を口で取り込み、栄養分にします。数日間ディスカスミルクで育った仔魚は、やがて稚魚となり、親を離れて自由に泳ぎ出します。

自分の体から栄養分を出して子に与えるという点は、ほ乳類的な魚といえるかもしれません。

写真90　サカサナマズ　提供／ボルボックス

逆さまになって泳ぐ魚

サカサナマズ、学名を*Synodontis nigriventris*（シノドンティス・ニグリベントゥリス）と名づけられた魚がいます（写真90）。

学名の「nigr」は「黒い・暗い」、「ventr」は「腹」を意味するラテン語です。黒いお腹《なか》を持っているわけですが、その理由を説明していきましょう。

サカサナマズの生息地はアフリカ中西部・コンゴ盆地。水生植物の繁茂する水域にすむ、全長10センチほどの小さな魚です。

水温24～28℃の範囲の水中におり、未成魚は群れをつくって暮らしますが、この魚の面白い点は逆さまで泳ぐことです。

魚の中には、一時的にひっくり返って泳ぐものはいますが、サカサナマズは常に逆さまで泳いでいます。水中の植物などの裏面についた藻を食べる機会が多いため、体を逆さまにして泳ぐことが習慣になったのではないかと考えられています。水底に落ちたエサは通常の姿勢に戻ってとることが確認されています。

普通の魚は、腹側の色は背中側より薄いですが、サカサナマズは逆さの姿勢のため、いつも腹側に空から日光が当たり、日焼けしたように黒っぽくなっています。逆さに泳ぐという変わった特性は、特に繁殖とは関係ありません。「なんだ」と思われたら申し訳ないのですが、実は、次の変わり種の魚を紹介するためにあえてここで取り上げました。

カッコウのように托卵《たくらん》する魚

鳥のカッコウは他の鳥の巣に卵を産みつけます。

生まれたカッコウのヒナは、巣の持ち主の鳥（宿主）の卵や、先に生まれたヒナを背中に乗せると、巣の外に落としてしまいます。そして宿主の運ぶエサをカッコウのヒナが独り占めし、ヒナはそのおかげで宿主より大きく成長します。このように他種の鳥の巣に卵を産みつけ、抱卵させ、ヒナを育てさせる習性を「托卵」と呼びます。

魚の世界にも「托卵」を行なうものがいます。

それが前の項に登場したサカサナマズの近縁種、*Synodontis multipunctatus*（シノドンティス・ムルティプンクタートゥス）です（写真91）。

写真91　托卵するサカサナマズの近縁種
撮影／阿部正之

アフリカはタンザニアの西端、淡水湖のタンガニーカ湖の水深40メートルまでにすんでいる、全長28センチになる中型の淡水魚です。

このサカサナマズの近縁種は、カワスズメ科の魚（以下、シクリッド）に托卵します。メスのシクリッドが水底に沈んだ受精卵を口に含む直前、サカサナマズのメスが現れて、シクリッドの卵の一部を即座に食べてしまい、代わりに自分の卵を産みつけます。そして次にはオスのサカサナマズが現れて精子を放出します。

するとシクリッドは自分の卵と勘違いしてくわえるのです。シクリッドはナマズの仔魚とは知らずに、大きくなるまで口内保育をして面倒を見ます。自分の仔魚はこのナマズのエサになっているのに、です。なんともせつない話です。

なお、日本でも淡水にすむコイ科のムギツクという魚が、スズキ目のオヤニラミという魚に托卵することが知られています。

サメやエイは胎児で育てることも

メスの母体内で卵を孵化させ産み落とすという、第5の変わったパターンをご紹介しましょう。

このタイプには2種類の育児方法があります。

一つは、卵が母体内で孵化するまで保護されるタイプで、孵化した仔魚はすぐ産み落とされます。グッピーやウミタナゴなどがこのタイプです。

写真92　　ネズミザメ　撮影／井田 齊

もう一つは、母体内で孵化した後に、母体から養分をもらって発育し、親とほぼ同じ姿になって生まれるタイプです。サメやエイの一部がこのグループです。ここでは北太平洋の表層にすむネズミザメ（写真92）というサメを見てみましょう。

ネズミザメは全長約3メートル、第2背びれは小さく、5つのえら穴が胸びれより前に位置するといった特徴があります。サケやニシンなどの魚類を好んで食べます。

サメやエイ類は鮮度が落ちやすく、肉質も良くないので、食用にするための漁業はほとんどありません。しかし、ネズミザメは肉質が良いので、このサメを目的とした漁業は存在しています。

ネズミザメは東北の漁港で春先から初夏に水揚げされるのですが、時にはメスの体内から驚くべきものが見つ

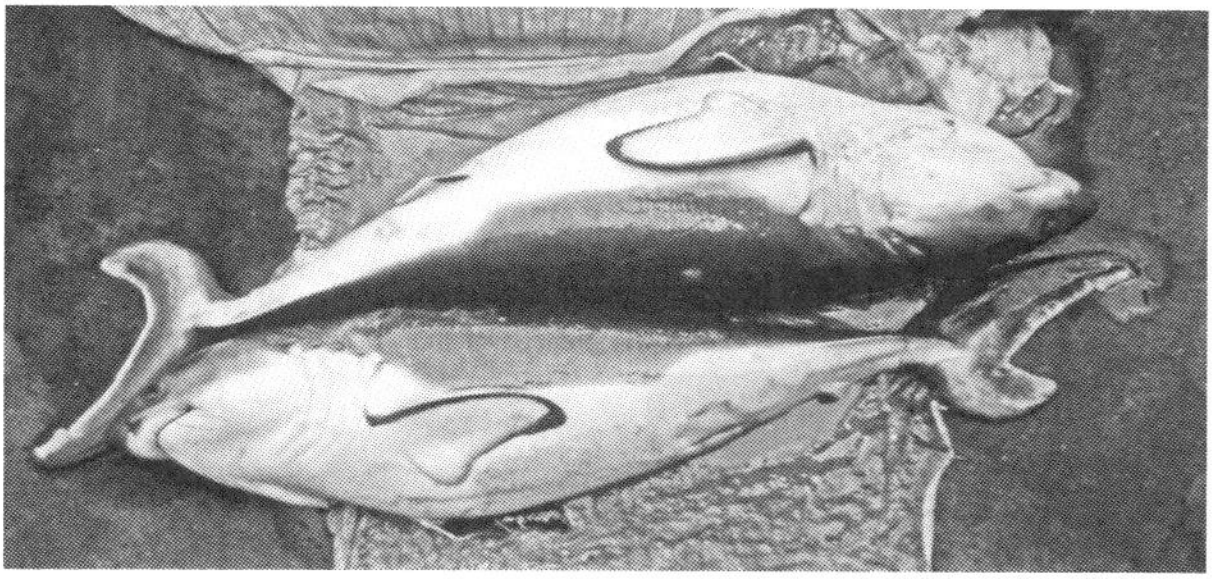

写真93　ネズミザメの胎児　撮影／朝日田 卓

かります。全長3メートルの体内から、1メートル近い胎児が出てくるのです。それも1尾ではなく2尾、時には4尾も出てくることがあります（写真93）。

一般に、卵から生まれる子の大きさは卵の直径の3倍くらいが目安になります。ネズミザメの卵は直径が20センチですから、ネズミザメの子は本来、直径のほぼ3倍、60センチぐらいのはずです。しかし、輸卵管《ゆらんかん》（卵巣と子宮を結ぶ管）の中の胎児は、全長が1メートル近くもあります。どうしてこんなに大きくなったのか、不思議なことです。

メス親が卵を子宮内に産み、それを先に生まれて母体内にいる仔魚が食べて成長するのです。弟分、妹分の栄養をもらって育つネズミザメの仔魚は十分すぎるほど大きくなって生まれてきます。

軟骨魚綱《なんこつぎょ》という、サメと同じグループに入るエイにも、「胎生」という戦略をとるものがいます。

一般に、北の海や大陸棚にすむサメ・エイ類は卵生です。南の温かい海にすむものは胎生が多いです。

イトマキエイ（写真94）は、暖海の外洋生活に適応した種で、体の幅は3メートルほど。日本各地で見られます。東北の沿岸まで回遊し、時にお腹の大きく膨らんだメスを見ることがあります。

メスの親が船の甲板に揚げられると、1メートルほどの胎児が中から出てきたりします。上の写真は、体の幅が3メートルの親です。イトマキエイは一産一子。1回の出産で1尾の子供しか産みません。

それにしても、どうしてこんなに大きな胎児を体の中に入れられるのでしょうか。胎児はひし形のような体の左右の胸びれを体の上に折りたたんで、母体内におさまっているのです。

子供の大きさと生存率は大きく関連しています。

魚の場合、子供が大きければ大きいほど天敵に襲われる確率は低くなり、生き残る確率は高くなります。1メートル近い大きさで生まれたイトマキエイの子供は、親になるまで生き残ることはほぼ保証されているのです。

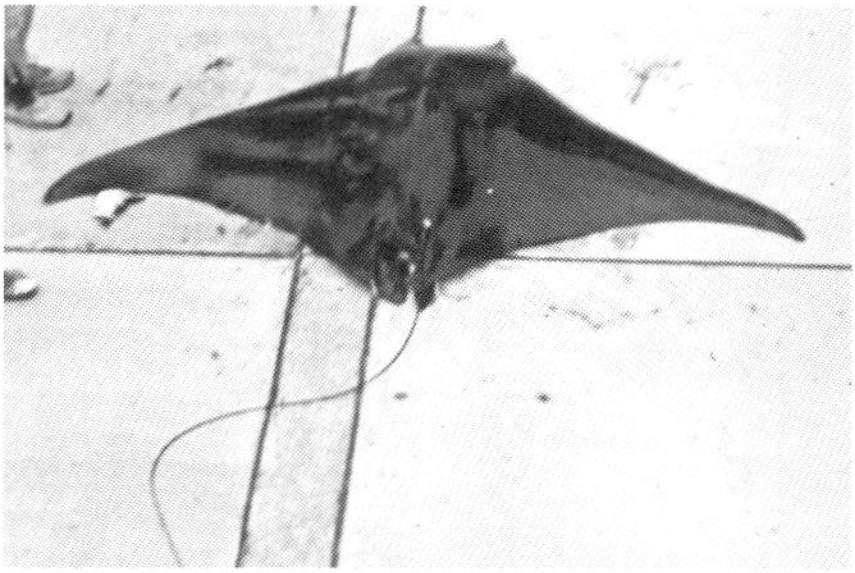
写真94　イトマキエイの親　撮影／朝日田 卓

一部のサメやエイには「大きな子供を少数産む」という繁殖戦略が見られますが、これは脊椎動物の中では、ほ乳類に特徴的な戦略です。この方法が進化の程度の低い軟骨魚綱でも見られるのは驚きです。

ちなみにイトマキエイの親と子は、体の長さでは3対1、重さでは10対1の比率。人間の場合は、大人と赤ちゃんの大きさの比率は身長で5対1、体重では15対1～20対1の比率です。つまり割合では、イトマキエイのほうが人間より大きな子供を産んでいることになります。大きな子供を産むことが生存率を高めることになる、という観点に立てば、こうした軟骨魚綱の魚の一部は人間より進んでいるといえるのかもしれません。

魚の性は変わることがある

これまで5パターンに分けて、魚のさまざまな繁殖行動を見てきましたが、最後に魚の「性」についても紹介しておきましょう。

魚の「性」は、遺伝的に決まっているものが多いのですが、種によってはオス、メスがかなり自由に変化することがあります。

例えばクマノミは、メスが一つの群れのボスになりますが、このメスがいなくなると、群れの構成員であるオスがメスに性転換します。また、クマノミの幼魚はオスでもメスでもない状態ですが、オスがいなくなると幼魚の1尾がオスとなり、新たなペアが誕生します。

わが国では食用としても、釣り魚としても人気もあるクロダイ。この魚は年齢によって性が変わります。全長20センチまでの小型の魚、年齢でいえば1歳までのものはほとんどがオスです。そして体長が約25センチ、年齢でいえば2歳ぐらいになると、卵巣が成熟し始めます。4歳になり35センチくらいまでの大きさの個体は、ほとんどがメスになります。

ではなぜ初めはオスなのに、大きくなるとメスになるのでしょう。

卵を産むことは大変体力を消耗するものです。小さい体では卵を安全には産みにくいため、小さいうちはオスになっていると考えられます。オスは精子を持ち精巣がありますが、精子も精巣も卵子や卵巣に比べればとても小さいものです。それが理由で、小さいうちはオス、大きくなったらメスになるのが、都合がいいのだろうと推測できます。

また、ハタ類やベラ類の仲間で縄張りをつくる種は、群れの中の最も強く大きな個体がオスとなり、群れを維持します。大きさが2番目以下の個体はメスとして機能し、オスがいなくなると、メスの中で一番優位な個体がオスになります。

理由は推測するしかありませんが、体が大きいということはそれだけ生活力が優れていることであり、強いということを意味するのかもしれません。そして強いものが縄張りを守り、自分の優れた遺伝子を残すことで、種としても強い遺伝子を残そうとしているのかもしれません。

コバンハゼ類は、つがいの一方が失われると、失われた性を補う形で性転換が起こります。例えば、メスがいなくなると他のオスが性転換してメスとなり、逆にオスがいなくなれば残ったメスがオスに変わります。

これは「生息場所が限られる」「仲間の数も少ない」といった条件が前提で、そうした条件がそろっていると性転換をするのだと考えられています。

別の例を挙げましょう。実験室内で、水槽の中に大きさの異なるオキナワベニハゼのメスを2尾入れると、大きいほうがやがてオスに性転換します。そこで水槽からメスを取り出し、転換したオスよりも大きなオスを新たに入れると、今度は性転換したはずのオスが再びメスに戻ります。自然界の不思議さを感じずにはいられません。

オスがいなくても子を産む魚

オスがいなくても子を産む魚もいます。

ギンブナ（写真95）です。わが国のほぼ全域の河川や湖沼にすむ、全長30センチ未満の魚でコイ目に属します。ゲンゴロウブナ（ヘラブナ）に似ていますが、えらにあるエサをこしとるトゲ状の組織が約50本あることで区別できます。ゲンゴロウブナは約１００本です。底にいる小動物やプランクトンから藻類など、なんでも食べています。

このギンブナで驚くべき点はオスがいないことです。

通常、脊椎動物は卵子と精子の核が合体することで、雌雄の遺伝子が半分ずつ合わさり次世代の発生が始まりますが、ギンブナにはメスしかいません。

ではどのようにして子孫を残しているのでしょうか。

写真95　ギンブナ　撮影／井田 齊

ギンブナは他のコイ科のオスの精子を利用します。ある研究者の実験では、成熟したギンブナの卵にドジョウの精子をかけると、卵は発生を始めギンブナの仔魚が誕生したといいます。

異種の卵子と精子の組み合わせで生まれる子供は、多くの場合、両親の形質を合わせ持った、いわゆる交雑《こうざつ》個体《こたい》が生まれます。オスのロバとメスのウマを交配させた「ラバ」のような例です。ただしラバは一代限りの交雑個体であり、ラバ同士から次の世代をつくることはできません。しかしギンブナの場合、ギンブナ以外の精子を用いた発生でも、生まれる子供は正真正銘のギンブナです。

それでは、他種の遺伝情報はどうなったのか。実は他の種の精子はギンブナの卵子の発生の引き金となるだけで、卵子の核と合体することはないのです。他種の精子によって、ギンブナに卵子の発生が始まり、そうすると精子は排除されてしまうのです。そのため遺伝情報は引き継がれません。

母親の形質しか受け継がないため、ある母親から生まれたギンブナはすべて、その母と同じ遺伝子を持ちます、いわゆるクローンです。

なぜオスの遺伝子を使わないのか、そこにはどんなメリットがあるのか、今後の研究による解明が待たれるところです。

メスがいないのに子孫を残す魚

ギンブナよりさらに不思議な魚が、カダヤシ目の仲間で、濁った水域やマングローブのカニの穴にカニとともにすむ、*Kryptolebias marumoratus*（クリプトレビアス・マルモラトゥス、写真96）という魚です。

北米から中米、南米の大西洋沿岸部の、酸素の少ない汽水域にすみ、大きさは7・5セ

写真96　クリプトレビアス・マルモラトゥス　撮影／Sandra J. Raredon

ンチ以下の小さな魚ですが、この魚には卵巣だけを持った個体、つまりメスはいません。

生まれた時、数%の個体は先天的なオスで卵巣を持ちません。3～4年経《た》つとおよそ60%の個体は卵巣と精巣を同時に持ち、どちらの生殖腺も機能します。つまり自家受精ができる状態になります。

単一の個体で卵と精子をつくり、受精卵を産むことが可能な、脊椎動物で唯一の種です。さらに20℃以下の環境では多くの個体はオスとなり、25℃以上ではほとんどの個体が卵巣と精巣を持ちます。

この種はなぜこのようなことが可能になったのでしょうか。

小さなカニの穴や汚れた水域にすんでいる魚なので、異性と出会うチャンスはほとんどありません。そのため単一個体で卵と精子をつくり、受精卵を産むタイプが出てきて生き残ったのではないか、そう推察できます。

魚の世界では、性はその時々の環境に応じて、かなり臨機応変に変化するといえます。そしてその変化はすべて、次世代に向けて子供を残すための戦略です。

このような戦略が自然環境の中で起きている間は問題ありませんが、地球温暖化による水温の上昇の影響などで、今後異変が起こることも予想されます。

ヒラメを使った実験では養殖中の水温が20℃ほどになるとメスが多く生まれ、高温ではオスが多くなります。これは養殖魚のケースですが、同じことが海で起きていないとはいえません。

写真97　ゼブラダニオ　撮影／松沢陽士

写真97の魚、コイ科のゼブラダニオ（ゼブラフィッシュ）は、生まれた時はすべての個体がメスの生殖腺を持ち、その後に一部の個体に精巣が発達して、結果的にはメスとオスの比率が適度に保たれるようになっています。しかし低温の条件下（22℃）では87％以上の子供がオスになり、高温（32℃）では逆にメスになる個体が8割に達するという報告があります。

これはつまり、発生初期の段階の温度がストレスになり、子供の生殖腺の発達を大きく偏らせているということです。

１９９０年代後半、世界各地で魚などの海洋動物に「メスの個体が多くなる現象」が報告されました。わが国でも報告がありました。この現象はそれまでに多用された農薬などが主な原因と推定されました。農薬の多くは女性ホルモンと化学構造がとても似ているため、メス化がひき起こされたのではないかと考えられています。

環境への化学物質の放出や温度の異常な上昇などは、動物にとってストレス以外のなにものでもなく、それは魚も例外ではありません。そうしたストレスが魚の微妙な性の仕組みを狂わせる可能性は、十分考えられます。

私たちは自然環境の保全にもっと注視する必要があるのではないでしょうか。

養殖ウナギはほとんどオス

「魚は嫌い。肉が好き」という人でも、ウナギ（ニホンウナギ、写真98）を食べられない人は少ないと思います。

夏に滋養強壮のためにウナギを食べる習慣は、江戸時代にはありました。それほど日本人の食生活に関係の深いウナギですが、よくわからないことがあります。

その一つが、ウナギの「性」です。天然状態で育ったウナギの性の比率は、メス1に対しオス1。しかし、オス・メスの比を産地別に調べると、本州の北部では1対1ですが、南に行くほどメスの割合が下がります。また養殖場で飼育されたウナギのほとんどはオスです。

オスしかいない理由はまだはっきりと解明されていませんが、手がかりはあります。ウナギの性が決定されるのは、ウナギの全長が15～20センチの段階ですが、この時期の温度や個体同士の密度などがストレスとなっているのではないかと推測できます。しかしあくまで推測です。魚の世界には、まだわからないことがたくさん残されているのです。

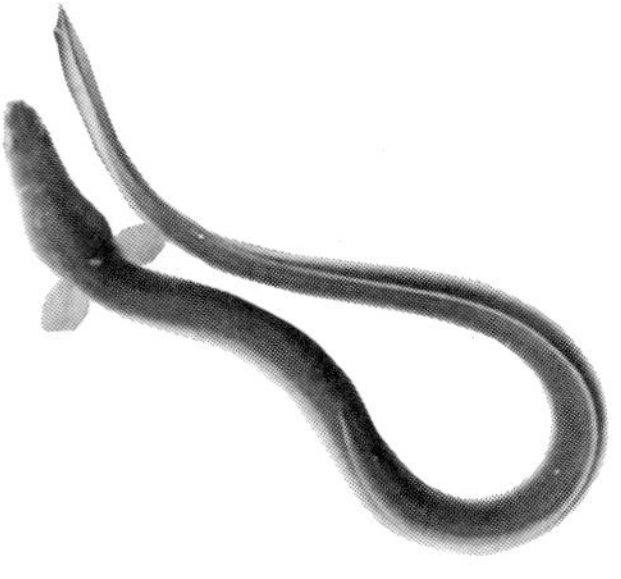

写真98　ニホンウナギ　撮影／井田 齊

第5章

変装の達人たち

―身を守る技術―

シュノーケリングやスキューバダイビングで、色とりどりの魚が泳ぐのを観察した経験のある方も多いでしょう。しかし、魚が死んで海底に沈んでいるのを見たという人は少ないと思います。海で死んだ魚を見かけることはほとんどありません。なぜでしょうか。私はこの約50年の間に、海の底に沈んだ魚の死骸《しがい》を3度見たことがあります。いずれのケースでも、魚の死骸は肉食性の巻貝やヒトデに貪《むさぼ》り食われていました。自然の海は常にエサが少なく、そのため弱った動物のようにエサになるものはすぐに食べられてしまいます。それが死んだ魚を海で見かけない大きな理由なのでしょう。魚にとって生きることはとても大変なこと。この章では魚たちがその生き残りをかけて行なっているさまざまな方法や努力について、いくつか紹介してみます。

隠れる基本は、黒い背中に白い腹

突然ですが「腹黒い魚はほとんどいない」と私が述べたら、皆さんは信じるでしょうか。「腹黒い」とは、「心に何か悪だくみを持っている」というような意味ではなく、文字通り、「お腹《なか》が黒い」ということです。

実は本当に、魚には「お腹が黒い」ものはほとんどいません。例外は先にご紹介したサカサナマズなど、ごくわずかです。

まず、フエダイを例に考えてみましょう。

産卵後、フエダイの卵は海の表面を漂います。フエダイが孵化《ふか》すると、当初は卵黄に浮きの役目をする油球《ゆきゅう》があるため、腹側を上にして浮いています。

ただしその期間は短く、泳げるようになると今度は背を上に、腹を底に向けて泳ぐようになります。これ以降は、基本的にはこの姿勢で泳ぐことが生涯続きます。

背を上に向けて泳ぎ続けるということは、紫外線が問題になります。紫外線の力は馬鹿にできません。老化の原因になるばかりでなく、健康も損ねます。

背を海面に向けて泳ぐと、紫外線の破壊力から、大切な脳や神経の束ともいえる脊髄《せきずい》を保護しなくてはなりません。そのためには体の背側を紫外線から遮る必要があります。そこで魚は色素による防御を行なっています。

魚は発生の初期に、まず黒い細胞をつくります。

写真99　黒い背中に白い腹のウルメイワシ　撮影／井田 齊

私たちほ乳類を含む脊椎《せきつい》動物の祖先が誕生したのは、数億年も前の浅い海。その時代から、強い太陽光線からの防御機能としての「黒色の背中」が存在し、現在の種にまで受け継がれているのです。この「黒色の背中」とは、私たちがイワシ、サンマ、サバ、カツオなどを焼き魚にして食べる時、確認することができます。背中側は黒みがかった濃い青色になっています。反対に、お腹側は白っぽくなっています。

魚の黒っぽい背中は、紫外線対策に有効なだけではありません。黒っぽい背中は、空を飛ぶ海鳥からは、海の色に溶け込んで見えます。逆に、海中で獲物を狙う天敵の魚は、上を見ると白い腹が海にふりそそぐ太陽光線に紛れて見えにくくなっています。黒っぽい背中と白いお腹は、こうして魚が生きるために身を隠す、基本的な戦略になっているのです。

魚たちはその他にも生き残りを目的とした、さまざまな方法を持っています。

最初に、「隠遁《いんとん》の術」ともいえる〝目立たずに生きる戦略〟をご紹介しましょう。この戦略は「静的擬態」、あるいは「カモフラージュ」と呼ぶ魚の生態です。「擬態」とは、動物が自衛や攻撃などのために、体の色や形を周囲の動植物や岩石などに似せることです。

海底の色に同化する

「カモフラージュ」の典型例といえば、ヒラメやカレイの仲間は外せないでしょう。この2群は体が平べったい形をしています。身を守るために、自分の体色を海底の砂の色などに合わせて隠れています（後述しますが、ヒラメはエサをとるのにも「カモフラージュ」を利用します）。巻頭口絵④ページの写真11〜13を参照してください。

ヒラメとカレイは同じカレイ目に属しますが、2つの種を、背を上にして置くと、ヒラメは左側に目が来て、カレイは右側に来る違いがあります。わが国には約130種のカレイ目の魚がいます。カレイの仲間でも左側に、ヒラメの仲間でも右側に眼がある種が多くはありませんが存在します。発生初期は、どちらの仲間も海の表層で浮遊していますが、海底での生活に入る時に目が体の一方に移り、体は左右対称でなくなります。

ヒラメ、カレイともに、目のあるほう（有眼側《ゆうがんそく》といいます）には模様がありますが、目のないほう（無眼側《むがんそく》といいます）は色素が発達せず白色です。

また、無眼側は常に海底につけているので、押しつけられている胸びれや腹びれは有眼側よりも小さくなります。体の左右が異なっているということで、ヒラメ・カレイ類を「異体類《いたいるい》」とも呼びます。

ヒラメの場合、右側の目は受精後1週間ほどで移動し始め、ほぼ3週間で完全に移動します。この変態は甲状腺《こうじょうせん》ホルモンによって起こります。甲状腺ホルモンを添加した海水で孵化した仔魚《しぎょ》を飼育すると、通常より早く変態が起こり1週間で着底します。反対に変態抑制ホルモンを添加すると1か月たっても着底せずに浮いたまま生活しています。目が移動しないうちは普通の魚と同じ姿勢、つまり、背を上に、腹側を下にして泳ぎますが、目が左側に移動すると次第に体を横にして（背と腹が水平になる姿勢）、泳ぐようになり、着底します。

異体類の無眼側に体色が発現することは自然界では極めて少ないのですが、人工的に繁殖されたものでは無眼側にも黒い色が現れることは珍しくありません。私たちの技術は日進月歩で、動植物を操れるように思える時もあります。しかし、ヒラメの養殖一つとっても、体色という基本的なことでさえ、自然のものを再現できていないのです。

さて、ヒラメは異体類の中でも大きな口をしています。口が大きいということは、エサは小さなものではないということです。小さなゴカイ類などではなく、小魚を好んで食べます。海底に身を潜めていますが、イワシ類やイカナゴなどが通ると、突然近づいて飲み込みます。相手は海底と同色のヒラメに気がつきません。カモフラージュを自分の防衛と、エサをとることの両方に利用しています。

巻頭の口絵では、石を敷いた水槽内にいるムシガレイ（口絵写真12）とマコガレイ（口絵写真13）の写真を掲載しています。自然の海では、このような石が海底にあることは少ないと思いますが、水槽内の底の濃淡に合わせた模様を見事に反映しています。異体類は静的擬態の代表ともいえますが、人工的な環境にもよく対応しています。生き残りのために環境の情報を取り入れ、斑紋《はんもん》に反映させるヒラメやカレイの能力には驚くばかりです。

写真100　アマゾン・リーフ・フィッシュ
撮影／阿部正之

枯葉に化ける

カモフラージュの代表例として「枯れ葉擬態」をご紹介します。「枯葉にそっくり」といえば、陸上ではチョウ（蝶）が有名です。タテハチョウの一種であるコノハチョウが知られていますが、魚にも多くの例があります。

まず川魚の例です。アマゾン・リーフ・フィッシュ（写真100）は、「アマゾンの葉っぱの魚」という意味になります。南アメリカ・北部に生息する、10センチほどの魚です。幼魚も成魚も変わりなく枯れ葉色をしています。枯葉に化けて、他の魚に捕食されないようにしています。

また、東南アジアにもリーフ・フィッシュ（口絵写真16）と呼ばれる淡水魚が何種かいます。

静的擬態というのは、このように「カモフラージュして、天敵から身を守ったり、エサに容易に接近する戦略」です。

海にも枯れ葉色を使う魚がいます。

写真101　マツダイ　撮影／井田 齊

日本各地や世界中の暖海にいるマツダイ（口絵写真18、写真101）は、幼魚期は黄色みが強く、海の表面に体を横にして浮き、姿は枯葉そっくりです。

またツバメウオは、サンゴ礁の海で見られ60センチほどになる魚ですが、15センチほどまでの幼魚の時は、枯れ葉に擬態します。幼魚は他の魚に食べられる可能性が高いので、「枯れ葉擬態」の戦略をとっているのでしょう。

アマゾン・リーフ・フィッシュとマツダイ、ツバメウオと紹介しましたが、前の2者と後者には大きな違いがあります。後者のツバメウオはカモフラージュして隠れるだけですが、アマゾン・リーフ・フィッシュとマツダイは隠れるだけでなく、自分のエサが近づいてくると食いつきます。枯れ葉に化けて、天敵の大型魚は避け、エサとなる魚が近づいてきたら食べる。一石二鳥の戦略です。このようなタイプの魚は、口が大きいのが特徴です。

ツバメウオは、海の表面、あるいは表面近くで幼魚期を過ごし、その時だけ枯葉に擬態しますが、一生を海底で、枯れ葉の擬態をして過ごす種もいます。

ツマジロオコゼは全長10センチほどの小魚で、非常に薄い体をしています。海底に横たわり、時に水の動きに合わせて体をゆっくり起こしたり倒したりします。枯葉や海藻が揺れるのと同じ動作です。

普通の魚は、海底近くでは背と腹は海底に対して垂直に保っていますが、ツマジロオコゼは寝かせています。非常に魚らしくない格好をした、珍しい魚です。

海藻に化ける

カミソリウオ（口絵写真17）という魚は、変装の名人です。

緑色の海藻が多い海底では緑っぽい体色になり、褐色の海藻の多い場所では褐色に、赤い藻が生えているところでは赤い体色になります。さらに水の動きに合わせて体を動かすさまは海底の葉っぱそのものです。

インド洋や西太平洋の浅い海、日本では本州中部以南の海にすみ、全長15センチほど。エサは小型のエビやカニの仲間で、サボテングサのような海藻が生えている砂や小石がある海底近くを雌雄のペアで泳いでいます。

オーストラリアの南部にいるリーフィー・シードラゴン（口絵写真1、写真102）は、海藻そっくりに化けます。

写真102　リーフィー・シードラゴン
撮影／坂上治郎

上の写真をご覧ください。この姿で海藻に合わせて体をゆっくり動かすと、とても動物とは思えません。大きさは全長35センチほど、岩礁の藻場で小さな甲殻類を食べています。ひれが複雑に変化して、海藻のように動かすことができます。タツノオトシゴの仲間ですが、この種には育児《いくじ》嚢《のう》がなく、オスが腹部に受精卵をつけ、保護している状態が観察できます。

カエルアンコウ（口絵写真4）の仲間のハナオコゼ（写真103）は、海藻に似た装いをして、海の表面に浮いているホ

写真103　　ハナオコゼ　撮影／阿部正之

ンダワラの茶色に同化した体色になるだけでなく、胸びれと腹びれが他の魚たちと大きく異なります。

多くの魚は、腹びれは胸びれより後ろにあり、薄い膜状になっていて、ものをつかむような構造にはなっていません。ところがハナオコゼの腹びれは、胸びれよりも前に位置して、前足のように見えます。この腹びれは、藻をつかむように動かすことも可能です。大きく横に張り出た胸びれは、下に向けると後ろ足のようにもなり、前方の腹びれの動きを助けて藻の上を這《は》うことができるのです。

さらに、目の上の突起は、背びれの最前のトゲが後方の鰭条《きじょう》から離れたもので、小魚に対する疑似餌《ぎじえ》になっています。これを微妙に動かしエサのように見せかけて小魚を誘い、大きな口で吸い込みます。動きを極力少なくして自らを藻のように見せ、近づくエサを飲み込むという生活を送っているのです。

カエルアンコウ、アンコウ、ヒラメ、マコガレイなどはみな、周囲の藻や砂底、小石、岩に姿を似せる魚たちです。

ハダカハオコゼはインド・太平洋の岩礁域にすむ、10センチほどの魚です。海底に静かに着底していると、海藻の破片そっくりです。体色は濃褐色、褐色、赤色、黄褐色、淡色と変異します。また時折、表皮が剝《は》がれ落ちて「脱皮」をすることもありますが、なぜ脱皮するかはわかっていません。

岩に化ける

岩に化ける魚もいます。

オニダルマオコゼ（口絵写真14、15、写真104）は、全長30センチほどになる魚で、インド洋から西太平洋、紅海などにすみ、日本では八丈島以南の太平洋側で見ることができます。

しかし見事に岩に擬態してしまうため、見つけるのは困難

写真104　オニダルマオコゼ　撮影／坂上治郎

です。この魚の色を覚えても、個体ごとに色や模様が微妙に異なるので困ります。

多くの場合、自分がすんでいる環境に合わせ模様や色を変えています。写真の個体も全長は30センチほどですが、海底の砂底にいるだけでも岩と紛らわしいのに、砂に潜るともうほとんど見分けがつきません。

シュノーケリングやダイビングをしていて、オニダルマオコゼに気づかずに踏んだり、触ったりしてしまうことがあります。この魚はひれのトゲに毒があり、刺されると激しい痛みに襲われます。場合によっては意識を失ったり、命を落としたりすることもあるほど危険です。「見分けるのが難しい」と述べましたが、踏まないように気をつけなければなりません。

体の薄い面を見せて隠れる

ヘコアユ（写真105）は、インド洋・太平洋の浅い海にすむ、全長15センチほどの魚です。日本でも相模湾から九州、琉球列島などで見られます。エサは小さな動物プランクトン。体は硬い透明な甲羅に包まれ、背びれが体の末端にあります。体が薄いことが特徴です。

普段は、群れで、頭を下に向け逆立ちするようにして泳いでいます。天敵に追われた時だけ少し体を斜めにして泳ぎます。

幼魚の時は、ガンガゼというウニの長いトゲの間に隠れています。体が薄くて細長いため、ガンガゼのトゲに化けられるのです。

海中にいても、背を向けられると、体が薄いため背景にまぎれてしまい見えにくいです。

上の写真は造礁サンゴの近くにいるヘコアユの群れ。撮影者に対して体の薄いほうを見せて、見えにくくしています。

写真105　　ヘコアユ　提供／ボルボックス

「こわもて」に似せる

これまでは、カモフラージュするタイプの擬態（静的擬態）を紹介してきました。

これからはそれとはタイプの異なる擬態をご紹介

しましょう。「動的擬態」と呼ばれる擬態です。動的擬態の特徴は、魚が擬態した姿、形を積極的にアピールしている点です。

英国の研究者ベイツ（H.W.Bates　1825〜92）は、毒のないチョウが、毒のある目立ったチョウの模様に似せて、捕食者である鳥から狙われるのを避ける生態を発見しました。チョウ以外でも、毒や武器を持たない動物が、毒や強力な武器を持つ動物に姿、形を似せて、敵の目を欺くものがいます。これを「ベイツ型擬態」といいます。「ベイツ型擬態」は「動的擬態」の一種です。真似《まね》されるほうの動物を「モデル」、真似する動物を「擬態種」と呼んでいます。

「モデル」は強かったり、毒を持ったりしていますが、真似する「擬態種」は、真似るだけが取り柄。強くもなければ毒もありません。「擬態種」はいわば「虎の威を借る狐《きつね》」の生き方をする種です。

魚にも「ベイツ型擬態」をする種がいます。

カワハギ科の魚は毒を持ちません（ソウシハギという種を除く）。これに対してフグの仲間の多くは、猛毒のテトロドトキシンを持っています。そのため他の動物から襲われることはほとんどありません。

有毒のフグであるシマキンチャクフグ（写真106）に、とてもよく似たノコギリハギ（写真107）というカワハギの仲間がいます。遠目ではほとんど区別することができないほど、よく似ていますが、ノコギリハギはシマキンチャクフグを「モデル」に擬態していて、捕食者から身を守っています。

写真106　毒を持つシマキンチャクフグ　撮影／井田 齊

写真107　毒を持たないノコギリハギ　撮影／坂上治郎

両者を区別する方法ですが、ノコギリハギは、背びれとしりびれの付け根は体の後半に長く伸びています。シマキンチャクフグは背びれとしりびれの付け根は短いのが特徴です。２つのひれを見比べると両種は簡単に見分けられます。

ウツボに化ける

「海中でウツボを見ると、ぎょっとする」

写真108　ドクウツボ　撮影／坂上治郎

というダイバーがいます。ヘビのようなその姿や形を見れば、無理もないでしょう。肉食魚である点から見ても、怖がるのは理解できます。魚の世界でもウツボは強者であり、ウツボを襲う魚などはいません。写真108はドクウツボですが、これらのウツボの仲間にそっくり擬態する魚がいます。シモフリタナバタウオ（写真109）です。巻頭口絵⑥ページの写真20と21で、シモフリタナバタウオとハナビラウツボを比較してみてください。

シモフリタナバタウオは、体の後ろのほうをウツボの顔そっくりに似せます。ウツボの頭そっくりに似せて動かすのです。なお、シモフリタナバタウオに限らず、尾のほうに目玉模様がある魚はたくさんいます（後述します）。

シモフリタナバタウオという魚の和名は、私がつけました。1972年に沖縄の施政権がわが国に返還されましたが、その前年、当時の厚生省が石西礁湖《せきせいしょうこ》（石垣島と西表《いりおもて》島に囲まれたサンゴ礁海域）の海中生物調査を行ないました。この調査に私も加わったのです。

その時、採集された記録がなく、そのため名前（和名）もない魚が少なからず採集できました。シモフリタナバタウオだけでなく、キンセンハゼ、スカシテンジクダイ、ヌメリテンジクダイなどはその時初めて国内で採集されたのです。これらの魚の和名は、その調査の後、私が提唱したものです。

写真109　シモフリタナバタウオ　撮影／坂上治郎

西表島の岩礁の薄暗い海底で、前後にゆっくりと動くシモフリタナバタウオを見た時は、まるでシーラカンスに遭遇したような驚きがありました。

普通の魚は人に見られると逃げるものですが、シモフリタナバタウオは逃げません。悠然としていました。また普通の魚は普段ひれを閉じているものですが、広げていました。模様も形もこれまで見たことがなく、なんとも不思議な魚がいるものだと思ったのを昨日のことのように覚えています。

当時、魚の擬態行動の研究は世界的にもまだ始まったばかりで、シモフリタナバタウオがウツボをモデルにした擬態種とは、知られていませんでした。擬態種だとわかれば、悠然としていた理由もわかります。他の動物はウツボだと思って近づくことはないからです。だから逃げる必要がない。ひれを広げていたのもウツボに似せるためです。

その後、シモフリタナバタウオは有名になり、今では動画サイトなどでもよく見られます。

あらためて確認すると、岩のくぼみの入り口で体をゆっくり前後に動かすさまは、ウツボが頭を前後に揺らす様子にそっくりです。「海底の暴れん坊」たるウツボをモデルとしたベイツ型擬態（「虎の威を借る狐」タイプの擬態）そのものです。

シモフリタナバタウオの命名の由来についてですが、タナバタウオ科の魚であることと、体にある白い斑点を「霜降り牛」の「霜降り（シモフリ）」に見立てて名づけました。

クラゲに化ける

ウツボが一部のダイバーに嫌われていると述べましたが、多くの海水浴客に嫌われているのがクラゲです。海水浴に行って、カツオノエボシなどのクラゲに刺された経験がある方も多いでしょう。クラゲは触手に毒を持っています。魚もクラゲには近寄りたくないはず。そうなると、このクラゲの姿を真似する魚が出てきます。

ウナギ目（ウナギやウツボなど）やフウセンウナギ目の魚の幼生は、形は親に似ず、細長くて平たく、色は半透明の白っぽい色をしています。この幼生のことを「レプトケファルス」と呼びます。

最近になって「多くのレプトケファルスがクラゲに擬態している」という研究報告が出されました。写真110で示したのはウツボ類のレプトケファルスです。体を丸めていると確かにクラゲのように見えなくもありません。

ウナギは生まれてから半年前後の長い時間を、うろこやトゲという防御機構のない、「レプトケファルス」という弱々しい姿で過ごさなければなりません。クラ

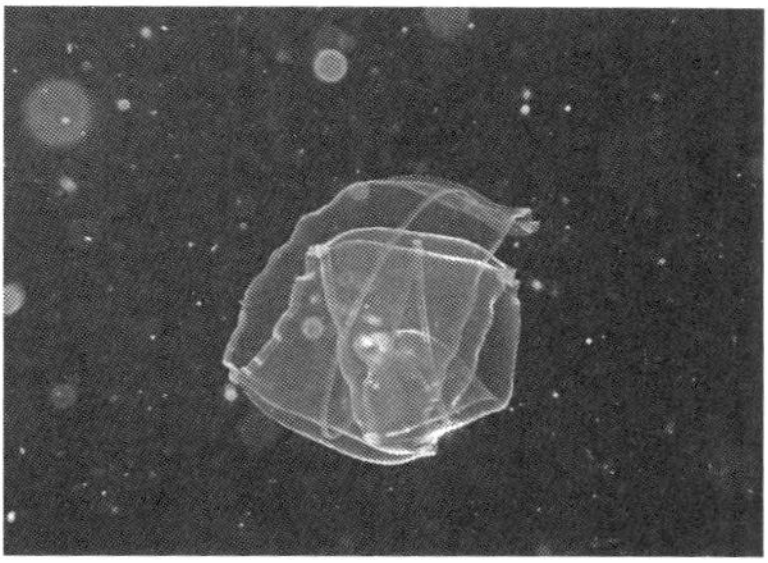

写真110　クラゲに擬態するウツボ類のレプトケファルス　撮影／坂上治郎

ゲに似せるのは、生き延びるための方策なのですが、これも「虎の威を借る狐」タイプの擬態の一つです。

「虎の威を借る狐」タイプは他にもいます。ツバメウオの仲間にアカククリという全長30センチほどの魚がいます。幼魚は全長数センチほどで、赤く縁どられた体をひらひらと揺らして泳ぎます。これは毒のあるヒラムシという無脊椎動物を「モデル」にして泳いでいます。自分の体に毒はないのに、毒のあるヒラムシのように振る舞うことで、捕食者から逃れているのです。

擬態をする生物は昆虫や魚だけではありません。

動物行動学の研究者だった故・日高敏隆氏は、ベイツ型擬態に関して、こんなことを述べています。

「街かどでふと見かけたガードマンが警官に〝擬態〟しているのに気づいたとき、人間と昆虫はなぜこんなに同じことを考えるのか、不思議な気持ちになるのである」

（海野和男『昆虫の擬態』平凡社刊の「まえがき」より）

私たち人間も擬態と無縁ではないのです。

羊の皮を被った狼

「虎の威を借る狐タイプ」の次は、「羊の皮を被った狼《おおかみ》タイプ」の擬態をご紹介しましょう。

このタイプが似せるモデルは、海藻やプランクトン、小さい魚などを食べる、いわば「おとなしい魚」たちです。真似をするほうの魚は、「おとなしそうに見えて実は獰猛《どうもう》な魚」、つまり「肉食系の魚」たちです。

「虎の威を借る狐」タイプは「危険生物に化ける弱い魚」ですから、これとは正反対の魚たちです。

コクハンアラというハタの仲間は、肉食性で口が大きい魚です。しかし、幼魚の時代にエサにありつくのは容易ではありません。

そこでコクハンアラの幼魚（写真111）は、小魚にとって無害なシマキンチャクフグ（写真106）やノコギリハギ（写真107）の模

写真111　コクハンアラの幼魚　撮影／坂上治郎

写真112　バラフエダイの幼魚

写真113　ササスズメダイ
提供／ボルボックス（２点とも）

様に似せています。

小魚が、シマキンチャクフグに似せたコクハンアラの幼魚の前を通ります。シマキンチャクフグは、甲殻類や海藻などを食べている魚で肉食ではありません。だから小魚にとっては安全なはず。ところがコクハンアラの幼魚が化けているので、小魚はあっけなくこの幼魚に食べられてしまいます。

また成魚は全長1メートルにもなる、バラフエダイという魚がいます。全長数センチ程度の幼魚の時は、やはり「羊の皮を被った狼」のような擬態をします。バラフエダイの幼魚（写真112）は、プランクトンを食べているササスズメダイ（写真113）という魚を「モデル」にした擬態をします。そしてササスズメダイと一緒にサンゴ礁の付近を泳いでいます。ササスズメダイはプランクトンを食べている魚なので安心だと思い、小さな魚が近づくと、ササスズメダイにまぎれて泳いでいるバラフエダイの幼魚に食べられてしまいます。まさに「羊の皮を被った狼」です。このように、弱者のふりをした強者の擬態を「攻撃型擬態」と呼びます。

写真114　ホンソメワケベラ
撮影／坂上治郎

写真115　ニセクロスジギンポ　提供／ボルボックス

掃除屋に化ける

ホンソメワケベラ（写真114）という小形のベラが、他の魚の寄生虫や潰瘍《かいよう》を取り除き掃除をしてくれることは、第3章でご紹介しました。

このホンソメワケベラにそっくり似せる魚もいます。それはニセクロスジギンポ（写真115）という魚です。

ニセクロスジギンポの模様は、淡色に黒の幅広の縞《しま》。掃除屋さんのホンソメワケベラの模様にそっくりです。

ホンソメワケベラは、自身の仕事場の付近でリズミカルなダンスのような泳ぎをしてみせ、お客となる魚を誘いますが、ニセクロスジギンポも模様だけでなく、客寄せのダンスまでそっくり真似して客を騙《だま》します。ホンソメワケベラだと思って近づくと、ひれや皮膚をかじりとってエサにしてしまいます。実に巧妙なテクニックです。

草食系の魚に化ける

ニセクロスジギンポの仲間に、ニジギンポ、ヒゲニジギンポ（写真116上）という魚がいます。

これらの魚が前述のニセクロスジギンポと異なるのは、肉食ではなく、プランクトンを食べるという点です。そのため小魚にとっては危険な存在ではありません。

しかしニジギンポの場合、下顎《したあご》には2本の鋭い犬歯があり、この犬歯は口の中にある毒腺とつながっています。つまり毒を持っているのです。おそらくニジギンポは天敵である大型魚に襲われた際、その鋭い歯で捕食者に噛《か》みつき毒を注入して逃げていたのでしょう。

写真116　ヒゲニジギンポ（上）とヤライイシモチの仲間
撮影／井田 齊

私も若い頃、ニジギンポの仲間を素手でつかんだ時、噛みつかれてしまいひどい痛みを経験したことがあります。

この魚は目立つ体色をしていて、海底近くを悠然と泳いでいます。彼らには毒があるため、大型の魚たちも敬遠するので悠然と泳げるわけです。

写真はそのニジギンポの仲間（ヒゲニジギンポ）で、かなり目立つ体色です。そっくりに似せているのがヤライイシモチの仲間、*Cheilodipterus nigrotaeniatus*（ケイロディプテルス・ニグロタエニアトゥス）という魚（写真116下）です。

ヤライイシモチの仲間は、小魚を好んで食べます。ニジギンポの仲間はプランクトンを食べるため、小魚は「ニジギンポは安全だ」と思って近づくとニジギンポに化けたヤライイシモチの仲間に食べられてしまいます。攻撃的な擬態の一例です。

同じくニジギンポの仲間で、プランクトンをエサにするオウゴンニジギンポという魚がいます。体の前半が青、後半が黄色というかなり目立つ模様をしています。プランクトンを食べている魚ですから、小魚にとってはこの目立つ模様が「安全」な印になっています。ところがこの魚に模様を似せたそっくりさんがいます。

その名はイナセギンポ。オウゴンニジギンポよりやや細身で、配色はほぼ同じ。違うところは口の形と歯並びだけ。イナセギンポの歯は細く横に一列に並び、魚の体表をかじりとりやすい構造です。オウゴンニジギンポと勘違いして魚が近寄ってくると、体表をかじりとってしまいます。これも攻撃型擬態です。

羊の群れに入った狼

巻頭口絵の写真25は小笠原諸島の父島《ちちじま》で撮影したものです。宮之浜の水深1メートルほどのところを泳いでいるアカヒメジの群れで、その中にまぎれて1尾のシマアジがいます。アカヒメジは砂底に隠れている小動物を食べていますが、シマアジの好物は海を泳ぐ小魚です。小魚にとってアカヒメジは危険ではありませんが、シマアジは避けなければならない相手です。ところが写真のように、群れに交じってしまうと判別が極めて困難です。

この後、どのようなことが続くのかとても興味があり、数十メートル追跡したのですが見失ってしまいました。おそらく、アカヒメジの群れだと思って安心して、前を通過した小魚がシマアジに襲われるシーンが見られたはずです。

「弱いふりをした強者の擬態」の攻撃的擬態は、たくさんの例が報告されていますが、実際の海で「モデル」と、変装した「擬態種」を同時に見つけるのはとても難しいことです。それだけに、この時アカヒメジの群れの中にシマアジを見つけたのは幸運でした。

シマアジが小魚を騙しうちするところが見られれば、さらに貴重な経験だったのですが。

余談ですが、アカヒメジは、生きている時は淡い色をして、赤くはありません。それなのになぜアカヒメジというのでしょう。

今はシュノーケリングやスキューバダイビングでアカヒメジを簡単に観察できますが、

60年以上も前、魚の研究者たちは死んだ標本しか手にする機会がありませんでした。アカヒメジは死ぬとすぐに黄色の線が消え、体全体が赤色になります。魚類研究の先駆者たちは、市場に並んだ魚を買って研究したので、赤い魚と勘違いしたのでしょう。

「俺たちは危険だぞ」とアピールする魚

もう一つ、ご紹介したい擬態の種類があります。

F・ミューラーというドイツの博物学者（1825～93年）が発見した、昆虫の擬態です。ミューラーは、異なる種類の毒チョウの色や模様が、お互いにとてもよく似ていることに気がつきました。前述の「ベイツ型擬態」と異なり、この2種のチョウはどちらも毒を持っています。毒を持っている2種が、なぜ似たような姿になっているのか、ミューラーは不思議に思って研究したのです。

鳥は、毒を持っているチョウを食べて、「まずかった」という記憶が残ると、その模様のチョウを以後、避けるようになります。ということはその他の毒チョウも、同じような模様を持てば、全く異なる模様を持つよりも鳥に食べられる確率は少なくなります。

つまりこの2種類の毒チョウは相互に利益があると、ミューラーは結論づけたのです。

このように2種以上の種が、同じような防御機構をそなえ、同じような模様を持っている場合を「ミューラー型擬態」と呼びます。「俺たちは危険だぞ」「おいしくないぞ」というアピールです。

その例をご紹介しましょう。小笠原諸島や沖縄諸島の浅いサンゴ礁では、コガネヤッコ（口絵写真22）にヘラルドコガネヤッコ（同23）、クログチニザ（同24）といった3種類の魚を観察することができます。

シュノーケリングやスキューバダイビングなどで簡単に見られる魚です。いずれも黄色の派手な体色でよく目立ちます。

コガネヤッコとヘラルドコガネヤッコは、キンチャクダイの仲間に属し、体全体が細かいトゲのあるしっかりとしたうろこで守られています。さらにえらぶたの下部にも鋭い大きなトゲをそなえています。捕食者にとっては手ごわい相手です。

またクログチニザは、ニザダイの仲間で、尾の付け根に医療用メスのような鋭いトゲをそなえています。こちらの魚も、捕食者としては注意しなければならない相手です。

この場合、3種の魚ともに防御機構をそなえて、同じような模様にすることで「自分たちを襲ったら、ただではすみませんよ」という信号を捕食者に送っていることになります。そうすることで、お互いに犠牲を少なくしているのだと考えられます。

三者は互いに真似される「モデル」であると同時に、「モデル」に変装する「擬態種」でもあるのです。

このように説明すると、「擬態種」の巧妙な生き方は、他人の力を借りて楽に生きているように見えるかもしれません。しかしこうした生き方にも制約はあります。

仮に、無毒の「擬態種」の数が、毒を持つ「モデル」の数より多かったら、どうなるでしょうか。有毒の「モデル」種を食べた動物は死んでも、無毒の「擬態種」を食べた捕食者は死にません。それどころか、目立つ模様は「危険を表す信号」ではなく、「おいしい」というサインとして印象づけられてしまうでしょう。

「擬態種」は決して「モデル」の個体数より多くは生存できないのです。巧妙な生き方をしても、無制限な繁栄は望めません。

目玉模様で驚かす

擬態とは異なる方法で、敵から逃れる魚はたくさんいます。ここでは目玉模様を持つ魚をご紹介します。

目玉模様を持つ魚はたくさんいるのですが、模様の持つ意味は魚によって異なります。

天敵となる大きな肉食魚を驚かし、威嚇《いかく》するために目玉模様を使っている魚がいます。威嚇する行為を専門的には「フラッシング」と呼びます。

ホウボウが海底をすべるように泳ぐことは第2章で述べました。

ホウボウの仲間、特に幼魚（写真117）には、胸びれに特徴があります。大きな目玉模様があるのです。天敵に襲われそうになると、胸びれの目玉模様を見

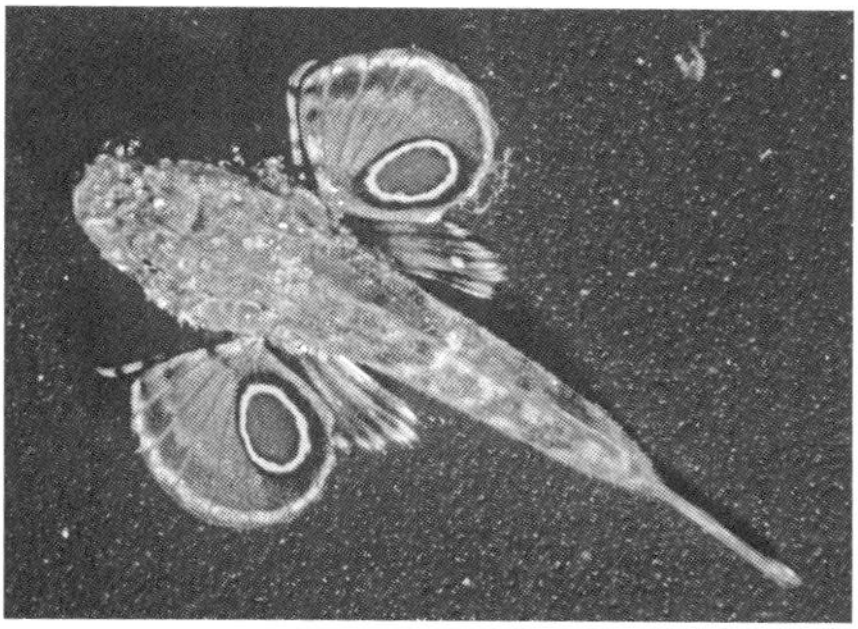

写真117　ホウボウの仲間の幼魚
提供／ボルボックス

せて、天敵をひるませます。そして広げた胸びれを使ってすべるように泳いで逃げていくのです。

ただし成魚になると、この目玉模様は消えることが多いようです。体が大きくなれば、敵に対してある程度対抗でき、驚かして逃げる戦略をとらなくてすむからでしょう。幼魚の時に目玉模様があり、成魚になるとなくなるケースは、他の多くの魚でも見られます。

「胸びれを広げて天敵を脅かして逃げる」行動と近い動きをする動物がいます。

ずいぶん昔、テレビのＣＭに爬虫類《はちゅう》のエリマキトカゲが登場したことがありました。エリマキのような皮膚を広げ、後ろ足だけで走る姿が可愛らしく話題になりましたが、皮膚を広げる行為は、実は敵に遭遇した時の威嚇のためです。人間にはユーモラスに感じられますが、エリマキトカゲにとっては必死の行為です。ホウボウの仲間にとっても同様かもしれません。

本物の目玉を隠す

目玉模様の一番ポピュラーな用い方には、本物の目玉を隠して守る目的があります。

チョウチョウウオの仲間を見てみましょう。カリブ海で撮影されたフォーアイ・バタフライフィッシュの写真118をご覧ください。大きな目玉模様が見えますが、本当の目玉は、黒っぽい縞で見えにくくなっています。

魚にとって目は大切な器官。大事な目を守るために、ニセの目玉を模様にして本物の目玉の位置をわからなくしているのでしょう。

目玉模様で違う生き物に化ける

写真118　フォーアイ・バタフライフィッシュの若魚
提供／ボルボックス

正式な和名ではありませんが、カニハゼというハゼ（口絵写真26、写真119）がいます。パラオ諸島など、太平洋西部の熱帯域の浅い海で観察でき、全長は10センチほどの大きさです。背びれの大きな目玉模様が特徴です。

いつも底の砂を口に含んでは、えら穴から吐き出しています。隠れている小さな動物を砂からより分けて食べています。

近くでよく見ればハゼとわかりますが、少し離れたところから見ると、背びれの目玉が目立ち、カニのように見えます。また、海底で前後に泳ぐと、カニが左右に動いているように見えるのです。

そのためカニハゼの英名はCrab eyed-goby、「カニの目玉（模様の）ハゼ」です。

この模様でずっと種が続いているということは、この模様であることのメリットがあるのでしょう。天敵は、カニを襲ってハサミではさまれたらたまらないと思って、このハゼを襲わないのかもしれません。

写真119　カニハゼ　提供／ボルボックス

目玉模様を利用して、大きな魚に化けているのではないかと思われる魚もいます。

イレズミフエダイ（写真120）は、サンゴ礁の周辺などで時折見られる全長60センチほどの魚です。写真の個体は全長約30センチの若い魚ですが、大人になっても模様はそれほど

写真120　イレズミフエダイ　撮影／坂上治郎

変わりません。この斑紋をどのように解釈したらいいでしょうか。海の中で仲間、あるいは他の動物にどのような信号を送っているのか。

仮に、尾の付け根にある大きな黒い点を目と見立てると、体全体で大きな魚の頭に似せていて「私は大きな魚だぞ！」と主張しているのかもしれません。

また、ヒレボシミノカサゴ（写真121）という魚は、インド洋・太平洋の浅い海にすみます。

ミノカサゴの仲間ですが、全長15センチほどで、この仲間にしては小さな体。しかしなんといってもその特徴は、背びれの後部にある2つの大きな目玉模様です。

目玉模様が目立つようにひれを倒すと、本物の目（写真の矢印のところ）が目立たなくなり、頭部と尾部が逆転して、小さな体が大きな頭のように見えます。ヒレボシミノカサゴを襲おうとしても、この姿を見てビックリ。攻撃を止めるでしょう。私自身、ダイビングをしていてこの魚を見つけ、背びれの目玉を見て驚きました。

写真121　ヒレボシミノカサゴ　撮影／坂上治郎

派手な魚はなぜ南の海ばかり？

今まで紹介したような、派手な模様の魚は、温かい南の海にすんでいることがほとんどです。関東地方より北にお住まいの読者の皆さんは、「自分の住んでいる海にはそのようなカラフルな魚はいない」と思われるでしょう。

派手な魚が関東以北にいないのには、理由があります。海水の透明度が大きく影響しているのです。透明度が低いと、さまざまな波長の光の多くは吸収され、遠くまで届きません。つまり透明度の低い海では、派手な色をしても単なる明暗の差しか区別できず、白黒模様にしか見えないのです。北の海は透明度が低く、派手な色が見えにくいため、カラフルな装いの魚がいないのです。

では、北の海はなぜ透明度が低いのでしょうか。透明度が低いということは、栄養物質が多いことと関係しています。北の海には底層の冷たい水が湧き上がる流れがあるため、栄養物質に富んだ水が常に表層に輸送されています。このため北の海は栄養的にはとても豊かなのです。

この豊かな栄養物質を利用して0・2ミリ前後の植物プランクトンがまず繁殖し、その植物プランクトンを動物プランクトンが食べます。そしてその動物プランクトンをイカナゴ、ニシン、サケなどが順次食べていきます。

植物プランクトンが多いということは、海水の色が藍《あい》や青でなく緑色に近い色を呈している原因となります。そのため透明度が低く、魚は自らの体色をどんなに派手な色にしても、明度の差くらいしかわからず効果がありません。せっかく赤や黄色などの目立つ色にしても、グレーっぽくしか見えません。

一方、熱帯や亜熱帯の海では栄養物質が乏しいため、植物プランクトンが少なく、透明度は高くなり、魚の体表の色という信号が有効に働いています。

南の海は表面が温かで、下へ行けば行くほど水温は低いため、上下の層で海水の混合、攪拌《かくはん》がありません。そのため栄養物質が表層に送られることはないのです。したがってプランクトンは少なく、透明度の高い海となります。このため南の海では、魚は体色をさまざまな信号として使うことができるのです。

北の海はカラフルな魚が少なく、豊かな海には感じませんが、漁場を考えてみればそれは誤りだとわかります。先にも述べた通りマグロは南の海でも獲れますが、漁港としては、青森県の大間《おおま》が有名です。ここで水揚げされたマグロは高値がつきます。例外はありますが、日常的に食べる国産の魚で量的にたくさん獲れる魚は、関東以北のものが多いのです。それは北の海にはプランクトンが多く、栄養物質に富んでいるという証拠です。

寝袋をつくって寝る魚

模様ではなく、寝床やすまいなどを工夫して敵から逃れる魚もたくさんいます。一部をご紹介していきましょう。

ブダイの仲間は、優雅な寝方をすることで知られています。えらから出す透明な粘液で寝袋というかテントというか、ともかく体のすべてを包む透明な袋のようなものをつくりその中で眠るのです（写真122）。なぜ、こんなことをするのでしょうか？　一つには、寄生虫がつかないようにするためと考えられています。もう一つは、自分のにおいを出さないようにして、夜行性のサメ類などの敵に気づかれないようにするためだといわれています。

なお、せっかくのテントですが、一晩限りで翌日はまた新しいものをつくらねばなりません。

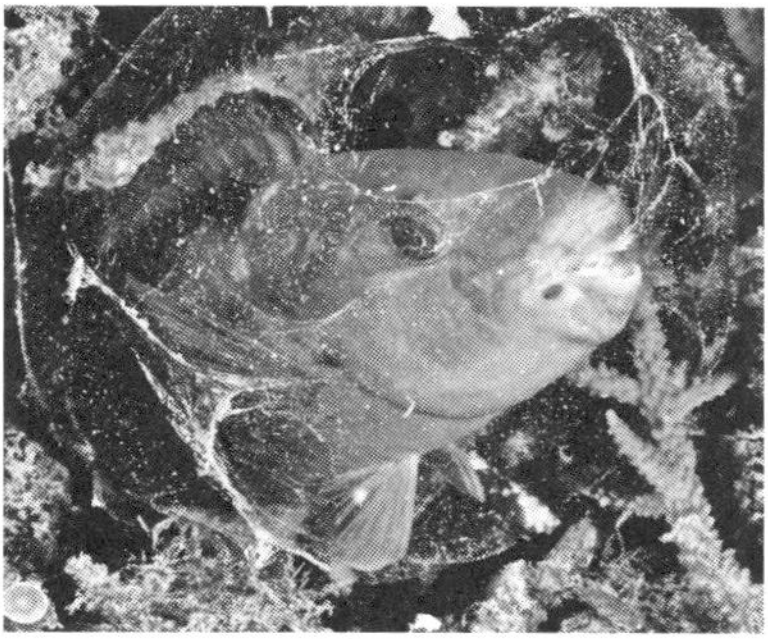

写真122　ハゲブダイの体を被っている膜のようなものが寝袋。
撮影／坂上治郎

体の半分しか見せない魚

水族館やダイビングの人気者にチンアナゴ（写真123）というアナゴ科の魚がいます。インド洋から太平洋に広く生息していて、日本でも、伊豆や高知県、琉球列島などで見ることができます。通常は群れで暮らしています。

この魚ですが、魚の中でもかなり臆病な種類か

写真123　チンアナゴ
撮影／坂上治郎

もしれません。サンゴ礁の砂底に穴を掘ってすむのですが、通常は体を半分ばかり出して、動物プランクトンを食べています。下半分は砂底の穴に入れたままなので、植物のように見えないこともありません。

しかし、ダイバーなどが近づくと、すぐ穴の中に引っ込んでしまいます。この魚が泳いでいるところを見ることはほとんどなく、エサをとる時も必ず穴の中に半身を入れたままの状態です。魚なのにあまり泳ぎもせず、植物のようですが、エネルギーを使わない戦略なのかもしれません。なお、チンアナゴはウナギ目なので、仔魚の時は先述した「レプトケファルス」です。この頃は自由に海を泳いでいます。

このチンアナゴですが、「珍しいから珍アナゴなのか」と思っている人もいるようですが、そうではありません。顔が犬の「ちん」に似ているから名づけられました。

エビとともに生きるハゼ

ハゼの仲間には、テッポウエビ（写真124左）のつくる穴に同居を決め込む魚がいます。

魚以外の生物とともに生きる、「共生」戦略です。

本州中部以南の海では、テッポウエビの仲間とダテハゼなどハゼの仲間の共生が観察できます。

テッポウエビの仲間は、左右いずれかのハサミ（鉗脚《かんきゃく》といいます）が大きく発達していて、ハサミを瞬時に閉じると「パチン」という大きな音が出ます。浅い岩礁の海を潜っていると波の音に混じって時折パチン、パチンと鋭い音を聞くことがあります。これは多くの場合、テッポウエビの出す音です。テッポウエビという和名は、この音が由来です。

テッポウエビは内湾の砂や小石がある海底に、自分で穴を掘って暮らし、この穴に一緒にすもうとする魚がいます。

ダテハゼの仲間やイトヒキハゼの仲間です。テッポウエビやその仲間が掘ってすんでいる穴に、同居しようとします。エビの種類や成長段階によって、掘る穴の大きさはさまざまですが、共生するハゼも種や成長段階により好みの穴の大きさが異なります。一般的にはハゼは、体の大きさに比例してテッポウエビの穴を選んでいるようです。

写真124の右側に写っているのはフタホシタカノハハゼで、奄美大島以南の西太平洋から

写真124　フタホシタカノハハゼとテッポウエビ（左）　撮影／坂上治郎

インド洋にすみ、全長8センチほど。

「共生」には、片方の生物にだけメリットがある「片利《へんり》共生」と、どちらにもメリットがある「共利共生」の2種類があります。

かつては、前述のハゼ類とテッポウエビ類との関係は、ハゼ類がエビ類の穴をちゃっかり借用するだけ、という「片利共生」と考えられていました。ところが、近年のダイビング愛好者たちの努力と、カメラやSNSの発達などにより、観察事例が集積され、そんな単純な関係ではないことが解明されつつあります。

まず、テッポウエビは視力が悪く、これを補うために、穴の入り口付近で砂を捨てる際には、必ず触角をハゼの体の一部に触れるようにしています。これは外敵の襲来を感知するためです。ハゼは天敵が近づくなどの危険を察知すると、尾びれなどを震わせてテッポウエビに危険を伝達します。するとテッポウエビはすぐ穴の奥に戻ります。ハゼはレーダー役として機能しているのです。

また、ハゼは穴を出られないテッポウエビに、エサとなる海藻などの破片を穴に運ぶ食料調達係も担っています。エビはエビで、すむところを提供するだけではなく、時折ハゼの体やえらをクリーニングする様子が観察されています。テッポウエビ類とハゼ類の共同生活は、実は相互に助け合っている「共利共生」だったのです。

終章

身近な魚が消えてゆく

―魚とのつき合い方を考える―

日本は周りを海に囲まれた国ですから、昔から魚と多くの関わりを持ってきました。食材として、趣味の釣りの対象として、また金魚などは鑑賞の対象として愛《め》でてきました。観賞魚という点では、現在の日本の水族館の飼育と展示のレベルは世界の中でも極めて高い水準にあります。魚の食べ方の多彩さも世界有数だと思います。

この章では、食材として人気のある魚の話から始めて、魚とのつき合い方について考えてみたいと思います。

お寿司屋さんではなぜ「サーモン」と呼ぶのか

回転寿司店で一番人気があるネタが何かご存じですか？　「マグロ」と思われた方、残念でした。男女全体の1位は「サーモン」です。マグロ（赤身）は総合2位、以下、3位がハマチ・ブリ、4位がマグロ（中トロ）と続きます（マルハニチロ発表「回転寿司に関する消費者実態調査2017」より）。

ところで、「サーモン」ですが、なぜ「サケ」と呼ばないのでしょう。

鮭茶漬け、新巻鮭などを挙げるまでもなく、和食の場合、普通は「鮭（サケ、シャケ）」

写真125　　シロザケのメス　提供／ボルボックス

という言葉が使われます。一つ考えられるのは、サケは日本では寿司ネタとしての歴史が浅く、欧米のほうで寿司ネタとして人気が出たからかもしれません。

それでは、なぜ日本では寿司ネタとして食べられてこなかったのでしょうか。

サケ類にはサケ（シロザケ、写真125）、ギンザケ、ベニザケなどがいます。これらのサケ類には、アニサキスと呼ばれる線虫類やサナダムシの仲間の条虫類が寄生しています。アニサキスなどの寄生虫と人とは相性が悪く、生食をすると私たちの胃の中で悪さをし、時には七転八倒の苦しみを味わうことになります。そのため、昔からサケ・マス類の生食は避けられてきたのです。

ただし、海産のサケ・マス類を利用する時は、いったん凍結し、それを少し解凍して食べれば、このような寄生虫の心配はなくなります。マイナス20℃の冷凍庫に入れれば24時間でアニサキスは死にます。このように一度冷凍した上で味わう料理法をルイベといいます。アイヌ語が起源の言葉です。

また、最近はいろいろな魚が養殖されるようになりました。サケ類も例外ではありません。

サケ類（サーモン）では、タイセイヨウサケ（写真126）、ギンザケ、海産ニジマス（サーモントラウトと呼ばれます）などが養殖されています。

養殖ものは寄生虫の心配がほとんどありません。サケがお寿司屋さんで食べられるようになったのは、養殖できるようになったからともいえます。

最近の統計では太平洋、大西洋合わせて約１００万トンの野生サケ類が漁獲されていますが、タイセイヨウサケ、ギンザケなどの養殖生産量は合わせて１５０万トン以上にもなり、天然ものの漁獲量を大幅に超えています。

サケ類の養殖はわが国でも行なわれていますが、海外のほうが盛んです。日本の回転寿司で食べられるものも大部分が輸入物です。また近年、欧米では和食、特に寿司が食べられるようになってきました。欧米でもサーモンは寿司ネタとして人気があります。サケを

写真126　タイセイヨウサケ　撮影／菅井康司

巻き付けた「サーモン・ロール」、見たり聞いたりしたことがありませんか？　こういった情報が入ってきたことが「サーモン」と呼ばれる理由だと思います。

サケ類は、養殖した個体から卵をとり、次の世代を養殖する技術ができ上がっていて、コスト面でも成り立つようになっています。ですから、養殖がうまくいっているケースといえます。サケ類の野生種が絶滅する可能性も比較的低いでしょう。しかし、そういう魚ばかりではないことも後で述べたいと思います。

秋ザケが寿司ネタに向かない理由

寿司ネタとしてサケが食べられてこなかった理由としては、もう一つ考えられることがあります。

天然ものは味の面でも寿司には向いていなかったと思うのです。

秋に日本の沿岸で漁獲されるサケは「秋ザケ」と呼ばれます。産卵するために北太平洋から戻ってきたところを漁獲されるのですが、北太平洋から日本に来るまで、2～3か月間、何も食べてきません。産卵したら一生を終える宿命です。産卵するとなればエサはとりません。このため、秋ザケの脂肪分は4％程度しかありません。脂肪分が多いほど甘味やおいしさを感じるものですが、養殖されたギンザケや海産ニジマスでは12％から14％もあります。タイセイヨウサケではさらに高く16％もあるのです。養殖もののほうが寿司ネタ向きでしょう。

産卵のために日本に戻ってきた秋ザケは脂肪分が少ないのですが、同じサケでもエサを盛んに食べている成長段階のものは高値で取引されます。高値で取引される経済性の高い魚は、呼び名が成長段階ごとに異なることがあると先述しました。サケも同様で、ケイジ、メヂカ、トキシラズなどと呼ばれます。これらは脂肪分が多いので、塩焼でもとてもおいしく食べられます。刺身でもルイベにして食べれば最高です。

写真127　クロマグロ　撮影／井田 齊

クロマグロが食べられなくなる？

　回転寿司の人気ランキングの2位はマグロでした。マグロと呼ばれる種にはクロマグロ（写真127）、ミナミマグロ、メバチ、キハダ、ビンナガ（ビンチョウとも）など8種類が含まれます。クロマグロはその中で最も賞味される種です。居酒屋などでは「ホンマグロ」とも呼ばれています。この魚が絶滅の危機に瀕《ひん》しています。

　まず、なぜクロマグロは一番消費されるのでしょうか？　当たり前ですが、おいしいからです。

　魚は脂肪分が多いほうがおいしいと述べましたが、水温が低いほど、脂肪の量は多くなります。クロマグロは、8種の中で最も北方の海域に適応した種です。肉質を見ると、他の種より脂肪分が多いことがわかります。

最も温かな海を好むキハダの赤身に含まれる脂質は1％以下です。これに対してクロマグロの赤身では、脂質は1・4％程度になります。これがクロマグロのトロ（脂質の多い部分）になると、脂質は30％弱にもなります。このため、かつてはクロマグロのトロが最も好まれる寿司ネタでした。サーモンに人気を譲ったとはいえ、今も高い人気があります。

脂質が少ないキハダのほうは、ツナの缶詰として利用され、多くの人に好まれています。寿司ネタや刺身の材料として好まれるクロマグロですが、大きくなるまでには時間がかかります。

クロマグロは西部太平洋で生まれ、日本の東方沖合からカリフォルニア沖まで何万キロも泳ぎながら成長し、数年後に生まれ故郷に戻るという生活を送っているのです。1メートルになるまでに3年、2メートルになるまで9年、2・4メートルになるまでに13年も要します。

何年もかけて太平洋を回遊して大きくなったクロマグロですが、乱獲がたたり、クロマグロの漁獲高は毎年減り続けています。

クロマグロも養殖はされています。養殖生産は、天然ものと異なり、計画的な生産が可能です。また、エサを管理することである程度、脂肪分を調節することもできます。しかし、問題がないわけではありません。

養殖したクロマグロに卵を産ませて、次世代を育てる完全養殖は、一部の機関でしか成功していません。

このため、近年は幼魚（ヨコワ）を獲って2〜3年飼育した後、出荷する養殖があります。成魚になってから獲るのであれば、その間に卵を産み、次世代を残せますが、幼魚のうちに獲ってしまえば、それは不可能です。人間でも、子供が減れば、いずれ大人が減り、総人口が減るのと同じことです。

クロマグロは2014年に絶滅危惧《きぐ》Ⅱ類に指定されてしまいました。対応策をとらないと近い将来絶滅の危険性が高くなるということです。

日本人はどれだけマグロを食べているのでしょうか。種ごとで見れば、クロマグロは世界全体の72％、ミナミマグロにいたっては世界全体の98％を消費しています（2012年、WWF調べ）。単に「食文化である」と主張してすまされる値ではないと思います。これからもマグロの寿司を楽しむためには、食べる回数を減らすなどの努力が必要です。

また、食べるからには食べ残さないことも心がけたいものです。

２０１３年の水産庁のデータによれば、養殖のクロマグロは約20万尾が生産されています。出荷サイズは50キロですが、そのサイズにいたるまでにエサのサバ、イワシ、アジなどの小魚はほぼ10倍の５００キロ以上を与えます。

養殖マグロの握り寿司一切れを食べ残すと、その10倍の小魚を無駄にするのと同じことになるのです。

ニホンウナギはどこへ消えた？

クロマグロよりも絶滅が心配される魚がいます。

以前はわが国の淡水域であればいたるところで獲れたウナギです。今はどこに行ってしまったのでしょう？　なぜ獲れなくなったのでしょう？

理由はいくつか考えられます。絶滅が危惧されている淡水魚は多いのですが、ウナギも生息域が淡水であるため、埋め立て地などの増加により生息できる環境が減少したことも理由でしょう。またかつては自由に遡上《そじょう》できた上流域への道が、ダムなどができて妨げられるようになった影響もあるでしょう。経済性があるゆえに海から川に上る際に獲られてしまうことも生息量の減少をもたらしました。

残念ながらニホンウナギは２０１４年に絶滅危惧ⅠB類に指定されました。何もしないと、近い将来その種が絶滅するおそれがあるということです。クロマグロはⅡ類で、ニホンウナギはⅠ類です。ニホンウナギのほうが絶滅の危険性は高いのです。クロマグロもこのままの状況が続くと絶滅のおそれがより高いⅠ類になるということです。

かつて、ウナギはハレの日の食事としていただく貴重なものでした。逆に、江戸時代にはマグロは決して高級なものではなく、むしろ好まれなかったものでした。

しかし、最近はどちらの種もその味が好かれ、いつでも気軽に食べられるようになり、さらに国外でもそのおいしさが評価され、多量に消費されるようになりました。

いくら好みの魚でも、むやみに食べ続ければ資源は減ってしまうのです。

絶滅した魚たち

生き物は自然環境の変動の中で巧みに命をつなげ、増えたり減ったりしながらも現在まで生き延びてきています。しかし、残念なことに、私たち人間の活動が種を滅ぼしたり、存続を脅《おびや》かしたりしています。

わが国の魚ではチョウザメ、ミナミトミヨ、スワモロコの3種が絶滅しました。野生集団が絶滅した種にはクニマス（移植先で生存）があります。近い将来絶滅が危惧される種は69種、それに準じた危機的状況にある種が54種もあります。

絶滅した種や絶滅危惧種の多くは淡水魚です。私たちの生活空間と重なりが多く、廃棄物などが彼らの生活そのものを破壊してきたからです。

日本固有の生物を脅かす大陸原産の生物

淡水魚を絶滅に追いやるのは、廃棄物などによる汚染だけではありません。本来その水域にいなかった外来種を、「味が良い」、「釣りの対象として面白い」などの理由で、放流した結果、競合関係の激化で滅びそうになっている固有種もいます。

皆さんはわが国固有のコイが絶滅の危機に瀕していることをご存じでしょうか？

近年の研究の結果、わが国に固有のコイは琵琶湖《びわこ》にしか残っていないことが明らかになりました。琵琶湖産のコイは丸太のような体で体高は低く、遺伝的にも他のコイとは明確に区別されます。

唯一、日本固有のコイが残っている琵琶湖にもブラックバスやブルーギルなどの外来種が移植されてしまいました。一般的にいって、狭い島が原産の生物は大陸産の近縁種と比べると競争に弱いのが通例です。ブラックバスやブルーギルが移入され、コイばかりでなくタナゴ類、モロコ類なども激減しています。固有種の未来が危ぶまれます。

魚の話ではありませんが、池でカメが泳いでいるのをよく見かけます。かつてはわが国の固有種であるクサガメやイシガメが多かったのですが、近年は残念ながらそれらの種にかわり、ミシシッピーアカミミガメが見られます。関東以南の地方ではミシシッピーアカミミガメが越冬することはほとんどないため、越冬するわが国固有の種が春に冬眠から目覚めても、冬の間、エサをとっていたカメには後れをとることになったのでしょう。

魚に限らず、日本各地でわが国の固有の生物が危機に瀕しているのです。

生物多様性条約とは？

1993年に生物多様性条約が発効しました。この条約の目的を、私なりに簡単に説明しますと、3つに整理できます。

まず、「生物のすむ空間の多様性を守ろう」ということ。生物環境の多様性を守るということでもいいと思います。「淡水域」には池、沼、湖、小川、川が含まれますが、大きさも、流れの速さもさまざまです。そして、それぞれの場所に適応した生き物がすんでいます。小さなものでも、大きなものもすべて大切にしようということです。

次に「生物種の多様性」をうたっています。どんな生物にも意義を認め、地球に残していこうということになるでしょう。

北米の大きな河川にはサケの仲間が遡上し、産卵を終えると斃死《へいし》します。斃死した多くの体を速やかに分解するのは昆虫であるハエの仲間たちです。ハエは短時間でサケの体を食べ、死んだ魚の体を分解します。ハエは鳥やクモのエサとなり、さらに小さな他の動物のエサとなります。その動物たちは糞や死骸が土にかえるなどして、間接的に植物を支えます。

このように海で育ったサケ類は海の栄養成分を陸に運び、陸の生態系を豊かにする働きを演じていますが、その過程では衛生害虫でもあるハエが大きな役割を担っています。一見、気持ちの悪い、不衛生と思える生き物でも生態系全体から眺めると、それぞれの役割を果たしています。

私たちの地球の生態系をピラミッドに見立てると、それぞれの生き物は積み上げられている一つ一つの石です。その一つの石がなくなった時には全体が崩れることもあるのです。

3つめですが、「生物の遺伝資源の公平な配分と利用」を掲げています。表現をかえると、種の内部での遺伝的な特質を保ちましょうということです。

具体的に見てみましょう。西日本の淡水域には固有種であるニッポンバラタナゴ（写真128）が生息していました。しかし、19

写真128　ニッポンバラタナゴ　提供／ボルボックス

40年代、大陸からハクレンやソウギョが移入されると、それに交じって、大陸原産のタイリクバラタナゴが持ち込まれてしまいました。

この大陸原産の魚は各地で増え続け、ニッポンバラタナゴを追いやったり、交雑したりしてニッポンバラタナゴを絶滅危惧種にしてしまいました。

現在、生存しているバラタナゴも、遺伝的に見ると大陸原産の個体の遺伝子を持っているものが多く、純粋のニッポンバラタナゴは絶滅寸前です。70年間で西日本から一つの固有種が消えようとしています。

また、かつては日本各地にいたメダカも激減しています。高度成長期、各地で生息場所が埋め立てられたり、汚染されたりして減少しました。

写真129　ミナミメダカ　提供／ボルボックス

さらに追い打ちをかける事態が起こります。過去の豊かさを復元しようと放流が行なわれたのですが、飼育品種との交雑個体や、本来の生息地以外からもたらされた集団などが吟味されずに放流されることになりました。その結果、各地固有の集団が交雑してしまったのです。各地の集団はその環境の特性に合わせて生き残ってきたものです。青森から兵庫までにすむキタノメダカと、岩手から沖縄までにすむミナミメダカ（写真129）を明確に区別する必要があります。他の地方の集団との交雑は長期的に見るとその種の存続にどのような影響を及ぼすかはわかりません。

善意で放流しても、結果としてその種の存続に危機をもたらす場合が少なくありません。

このように、魚に限らず、どんな動物でも国内外から移動して連れてきたものを、野外に放つのは厳に慎まねばなりません。国内の近縁種を絶滅に追いやる可能性が大きいのです。

生物の多様性を守る義務

生物の多様性はなぜ必要なのでしょう。簡潔に説明するのは難しいのですが、生物は数億年の時間をかけ、相互に深く関わり合いながら、生活できる空間を無駄なく埋めて利用してきました。

その仕組みと広がりを生態系と呼びますが、生態系から構成員がいなくなるとシステム全体に何らかの不都合が及ぶと考えられます。その変化は時間がかかるので気づかれにくいこと、変化の実態が予測しにくいこと、ひとたび失われた生物は二度と戻らないことなどが大きな問題なのです。

漁によって海の多様性が失われた例を考えてみましょう。漁業の規制と関係があります。漁業を規制しない場所では、フエダイ類やハタ類など、大型で肉食性の魚類（すなわち経済性の高い魚）ばかりが漁獲されてしまいます。そうするとフエダイがエサとしていたニザダイ類、アイゴ類など中型、小型の草食魚類が増えてしまうのです。一見すると、中型、小型の魚が増えるのはいいことのように見えます。しかし、話は終わりません。

草食魚類が増えれば、草食魚類の食べる海藻類は食べ尽くされ、やがて中型、小型の魚も減り、海の多様性が失われてしまいます。

実際に日本の瀬戸内海などでは、このような現象が起きて海全体の生産力が減少していることが確認されています。海の多様性を守るには、漁業の規制も必要なのです。

多様性の維持はとても重要です。わが国も２００６年に生物多様性条約を批准しました。ということは、私たち市民も生物の多様性を維持する義務があるということを意味します。

多様性が重要であることの意味ですが、もっと簡単な表現を使えば、鶏のから揚げだけの食事より、お刺身、焼き魚、煮魚、トンカツも、ハンバーグも、リブステーキも選べるほうが楽しいに決まっています。ごはんだけでなくパンも、パスタも、うどんも、そばも食べられたほうがうれしいですよね。生物種の絶滅とは食事のメニューから一品ずつ品目が消えてゆくようなものです。おいしいメニューの減少ともいえます。

魚に関していえば、絶滅危惧種として掲げられたニホンウナギ、クロマグロなどが食べられなくなるのを避けるためには、「食べられるから」、「安いから」という理由で食べるのではなく、その材料がわが国や全世界でどの程度残されているのかにも思いをいたし、楽しむ回数を減らすなどの姿勢が必要でしょう。

さまざまな種類があってこそ、食べ物も地球も魅力的なのです。多くの種類の生き物が未来の世界でも見られるよう、考えて行動していきましょう。

あとがき

井田齊

本書では魚のさまざまな種の変わった生態をご紹介しました。紹介できなかった多くの魚の中にもまだまだ、魅力と謎が残されています。仔魚《しぎょ》がどのように稚魚になり、さらに親になるまでどんな生活を送るのかについてわかっている種類は限られており、ほとんどの種については知られていません。魚は種類があまりにも多く、たくさんの種類について、生活史は不明のままなのです。

逆にいえば、どなたでも、ある魚の生態についての第一発見者になるチャンスがあるということです。この本で魚に興味を持っていただいた方には、次は水族館や浅い海などで、本物の魚を見ていただきたいと思います。

エサをとる際に口をどのように使うのか、呼吸する時、えらはどのように動くのか、泳ぎや方向転換などの際に背・尾・しり・胸・腹の5種類のひれがどのように使われているのか。最近のカメラは高性能ですから、水族館などに出かけて、このような魚の動きを連続で撮影してみると、魚の動きが良くわかります。

また、直接水中に持ち込めるカメラがあれば、浅い海をシュノーケルでのぞいてハゼやイソギンポなどを観察、撮影することもできます。初夏から秋にかけては多くの地方で稚魚が磯に出現する季節です。出現する魚種の変化を映像で比べてみるのも面白いと思います。海にも出かけてみてください。一般の方々が撮影した映像のおかげで、わが国ではまだ出現が知られていない魚の存在がわかることがあります。魚類学の発展にも貢献しているのです。種類がわからなかったら公的機関に問い合わせてみるのも良いかもしれません。

この本が多くの方々にとって魚の魅力、謎に興味を持たれるきっかけになれば幸いです。

本書では情報源としての書物の紹介はいたしませんでしたが、写真などをご提供いただいた方々のお名前はそれぞれの場で明示し、巻末にも掲載いたしました。貴重な写真や情報をご提供いただいた皆様には厚く御礼を申し上げます。

また、この本の出版に当たっては小学館の園田健也氏のご助力をいただきました。

この新書を作るにあたり、多くの方々や機関から、写真やイラスト、情報の提供などのご協力をいただきました。ここにそのお名前を挙げさせていただきます（敬称略、五十音順）。

浅田桂子（水中写真家）
朝日田　卓（北里大学海洋生命科学部教授）
阿部秀樹（阿部秀樹写真事務所）
阿部正之（水中写真家）
大方洋二（水中写真家）
加藤　紳（タツノオトシゴハウス）
川崎悟司（イラストレーター）
小林安雅（水中写真家）
坂上治郎（Southen Marine Laboratory, Palau）
Sandra J. Raredon（Smithonian Institution, Division of Fishes）
菅井康司（株式会社UFO）
鈴木寿之（大阪市立自然史博物館外来研究員）
瀬能　宏（神奈川県立生命の星・地球博物館 学芸部長）
高橋　洋（水産大学校資源増殖学講座）
富田京一（肉食爬虫類研究所代表）
中村武弘（ボルボックス）
中村庸夫（ボルボックス）
萩谷　宏（東京都市大学知識工学部准教授）
Michael S. Nolan（水中写真家）
松浦啓一（国立科学博物館名誉研究員）
松沢陽士（松沢写真事務所）
松沼瑞樹（高知大学理学部海洋生物研究室）
矢澤瑞樹（電気通信大学）

いしかわ動物園
海洋研究開発機構
神奈川県立生命の星・地球博物館
シーピックスジャパン
沼津港深海水族館
ボルボックス
Minden Pictures / amanaimages

井田 齊［いだ・ひとし］

1940年、東京生まれ。東京水産大学（現・東京海洋大学）卒業。東京大学大学院農学系研究科博士課程修了（農学博士）。東京大学総合研究博物館助手、北里大学水産学部助教授、教授を経て、現在は同大学海洋生命科学部名誉教授。この間、岩手県大船渡市博物館専門委員などを歴任。専門は魚類分類学・生態学。著書や監修した本に『小学館の図鑑NEO 新版 魚』、『食材図典』（以上、小学館）、『改訂新版 サケマス・イワナのわかる本』（山と溪谷社）、『食材魚貝大百科 別巻2 サケ・マスのすべて』（平凡社）などがある（いずれも共著）。現在も海外の沿岸魚類相の研究を行っている。

編　　集：園田健也
編集協力：三浦悟朗、丹羽 毅

魚はすごい

二〇一七年 八月六日 初版第一刷発行

著者　井田 齊
発行人　清水芳郎
発行所　株式会社小学館
〒一〇一－八〇〇一 東京都千代田区一ツ橋二ノ三ノ一
電話 編集：〇三－三二三〇－五一一二
販売：〇三－五二八一－三五五五
印刷・製本　中央精版印刷株式会社

Printed in Japan ISBN978-4-09-825295-4